BEI GRIN MACHT SICH IHR
WISSEN BEZAHLT

- Wir veröffentlichen Ihre Hausarbeit, Bachelor- und Masterarbeit

- Ihr eigenes eBook und Buch - weltweit in allen wichtigen Shops

- Verdienen Sie an jedem Verkauf

Jetzt bei www.GRIN.com hochladen
und kostenlos publizieren

GRIN

Matthias Jüttner

Holozäne Vegetations- und Waldbrandgeschichte des Karwendelgebirges

GRIN Verlag

Bibliografische Information der Deutschen Nationalbibliothek:

Die Deutsche Bibliothek verzeichnet diese Publikation in der Deutschen Nationalbibliografie; detaillierte bibliografische Daten sind im Internet über http://dnb.d-nb.de/ abrufbar.

Dieses Werk sowie alle darin enthaltenen einzelnen Beiträge und Abbildungen sind urheberrechtlich geschützt. Jede Verwertung, die nicht ausdrücklich vom Urheberrechtsschutz zugelassen ist, bedarf der vorherigen Zustimmung des Verlages. Das gilt insbesondere für Vervielfältigungen, Bearbeitungen, Übersetzungen, Mikroverfilmungen, Auswertungen durch Datenbanken und für die Einspeicherung und Verarbeitung in elektronische Systeme. Alle Rechte, auch die des auszugsweisen Nachdrucks, der fotomechanischen Wiedergabe (einschließlich Mikrokopie) sowie der Auswertung durch Datenbanken oder ähnliche Einrichtungen, vorbehalten.

Impressum:

Copyright © 2010 GRIN Verlag, Open Publishing GmbH
Druck und Bindung: Books on Demand GmbH, Norderstedt Germany
ISBN: 978-3-640-84304-6

Dieses Buch bei GRIN:

http://www.grin.com/de/e-book/167728/holozaene-vegetations-und-waldbrandgeschichte-des-karwendelgebirges

GRIN - Your knowledge has value

Der GRIN Verlag publiziert seit 1998 wissenschaftliche Arbeiten von Studenten, Hochschullehrern und anderen Akademikern als eBook und gedrucktes Buch. Die Verlagswebsite www.grin.com ist die ideale Plattform zur Veröffentlichung von Hausarbeiten, Abschlussarbeiten, wissenschaftlichen Aufsätzen, Dissertationen und Fachbüchern.

Besuchen Sie uns im Internet:

http://www.grin.com/

http://www.facebook.com/grincom

http://www.twitter.com/grin_com

Universität Augsburg
Fakultät für Angewandte Informatik
Lehrstuhl für physische Geographie und quantitative Methoden

Holozäne Vegetations- und Waldbrandgeschichte des Karwendelgebirges

-

Pollenanalytische Untersuchungen im Halslkopfmoor

Diplomarbeit in der physischen Geographie

iGUA Institut für Geographie

Jüttner, Matthias

Abgabetermin: 18.06.2010

Inhaltsverzeichnis

1. Einleitung

In einer Zusammenarbeit der Universitäten Innsbruck und Augsburg wurde ein von der DFG gefördertes Projekt ins Leben gerufen welches sich mit den Auswirkungen von Bränden an Gebirgshängen beschäftigt. Im Rahmen dieses Projekts wurden verschiedene Hänge im Karwendelgebirge untersucht, beispielsweise im Hinblick auf die Auswirkungen von Feuerereignissen auf Vegetationssukzessionen und Hangabtragsparameter untersucht, so wie versucht durch Archiv- und Recherchearbeit die Brandgeschichte des Gebiets zu rekonstruieren. Zu diesem Zweck wurde auch das Halslkopfmoor untersucht. Durch eine Pollenanalyse sollte die holozäne Vegetationsgeschichte rekonstruiert, und im Zuge dessen anhand mikroskopischer Holzkohlepartikel auch die holozäne Brandgeschichte näher beleuchtet werden. Neben dem Nutzen für das Projekt ist die Wahl des Halslkopfmoores in zusätzlicher Hinsicht interessant. Obwohl aus den nördlichen Kalkalpen bereits einige palynologische Untersuchungen von Mooren vorliegen (BORTENSCHLAGER 1984, WAHLMÜLLER 1985, OEGGL 1988, WALDE 1999) ist unmittelbar in der Nähe des Untersuchungsgebiets noch keine Pollenanalyse vorgenommen worden. Die vorliegende Arbeit liefert also einen zusätzlichen Punkt im Netzwerk bereits bestehender Arbeiten der hilft die Vegetationsgeschichte des Nordtiroler Alpenraumes genauer rekonstruieren und verstehen zu können. Die relativ abgelegene und hohe Lage des Halslkopfmoores ist zudem interessant bezüglich der Frage wie stark der Mensch durch seine Nutzung auch eher ungünstigere Standpunkte erschlossen hat, sind die anderen Arbeiten doch eher entlang des nutzerisch günstigeren Inntales gelegen.

Die Vorliegende Arbeit gibt zunächst eine geographische Beschreibung des Untersuchungsgebietes wieder und erläutert dann die angewandten Methoden bei der Feld- und Laborarbeit. Im Ergebnisteil werden dann die erstellten Pollendiagramme beschrieben und analysiert. Abschließend erfolgt eine Gesamtbetrachtung der Vegetationsgeschichte Nordtirols durch den Vergleich mit anderen Arbeiten aus dem Gebiet.

2. Geographie und Geologie des Karwendelgebirges

2.1. Abgrenzung des Karwendelgebirges

Das ca. 900km^2 große Karwendelgebirge ist Teil der Nördlichen Kalkalpen und erstreckt sich nördlich von Innsbruck (Abb. 1). Dem entsprechend ist die südliche Grenze durch das Inntal definiert welches von Zirl über Innsbruck und Schwaz bis Jenbach verläuft. Die Inntal-Störung ist gleichzeitig die tektonische Südgrenze der Nördlichen Kalkalpen. Zur Geologie der Nördlichen Kalkalpen und des Karwendel wird in Abschnitt 2.3 noch genauer eingegangen. Der Achensee und die nach Norden fließende Ache bilden die Ostgrenze bis zum Achenpass bzw. bis zum Sylvenstein-Stausee. Der Stausee und die ihm zufließende Isar begrenzen das Gebiet im Norden. Die Isar ist gleichzeitig die Westgrenze nach Süden bis Scharnitz. Um das Karwendelgebirge komplett abzugrenzen wird in Ermangelung einer natürlichen Grenze die Bundesstraße von Scharnitz über den Seefelder Sattel bis hinunter nach Zirl als letztes Grenzstück angesehen.

Abb.1: Abgrenzung des Karwendelgebirges

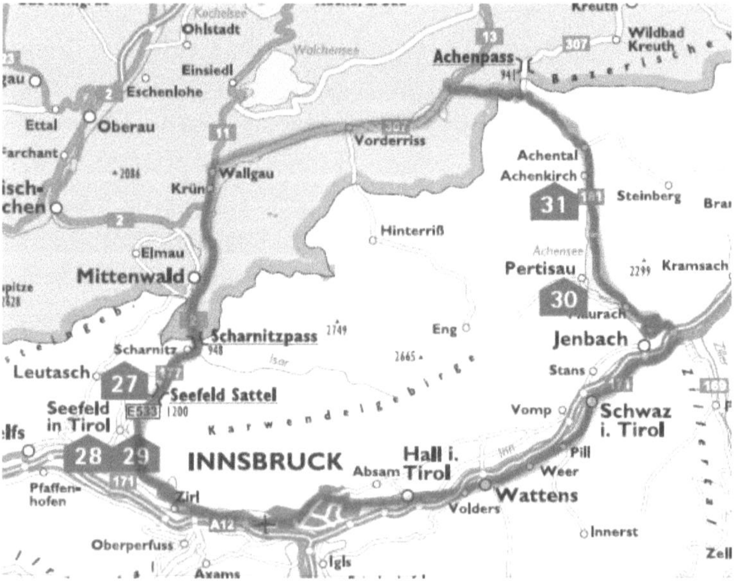

Quelle: www.alpen-motorradhotels.com

Im wesentlichen ist das Gebirge von vier West-Ost streichenden Gebirgsketten bestimmt die durch tiefe parallel laufende Täler getrennt sind. Die südlichste Kette ist die Inntalkette die auch Nordkette genannt wird da sie sich direkt nördlich von Innsbruck erhebt. Der dritte gebräuchliche Name Solsteinkette hat sie ihren höchsten Bergen zu verdanken, dem Großen Solstein (2541m) und dem Kleinen Solstein (2633m). Das der Große Solstein kleiner ist als der Kleine Solstein ist kein Tippfehler sondern tatsächlich der Fall. Der Große Bettelwurf (2725m) ca. 8km nördlich von Hall in Tirol gelegen ist die größte Erhebung der Gleiersch-Halltal-Kette, an die weiter im Norden die Hinterautal-Vomper-Kette angrenzt. Der größte Berg dieser Kette ist die Birkkarspitze mit 2749m. Sie ist gleichzeitig die größte Erhebung im Karwendelgebirge. Die Hinterautal-Vomper-Kette ist mit etwa 40km Ausdehnung zudem die längste Kette des Gebiets weshalb sie auch Karwendel-Hauptkamm genannt wird. Die Nördliche Karwendelkette mit der Östlichen Karwendelspitze als höchstem Punkt (2538m) ist der kleinste zusammenhängende Abschnitt. Im Osten geht sie in mehrere kleinere Gebirgsgruppen über, wie z.B. die Gamsjochgruppe oder den Sonnjochkamm.

Der Nordteil des Karwendelgebirges zeigt keine derartig gleichmäßige Gliederung. Das westliche Soierngebirge mit der 2259m hohen Soiernspitze und die Dürrachgruppe im Osten mit der Montscheinspitze (2106m) bilden das Karwendel-Vorgebirge mit einer eher unzusammenhängenden Gliederung. Ähnlich ist die Situation im Südwesten im Dreieck Scharnitz-Seefeld-Zirl, wo die Erlspitzgruppe als eigenständiges Massiv auftritt. Der Erlsattel zwischen Erlspitze (2405m) und Großem Solstein stellt hier eine Verbindung zur Inntalkette dar.

2.2 Klima

Da von der unmittelbaren Umgebung des Untersuchungsgebiets keine genauen Klimadaten vorliegen wird hier das Diagramm der Klimastation an der Universität Innsbruck herangezogen (Abb.2). Die genauen Niederschlags- und Temperaturwerte am Halslkopfmoor können von denen Innsbrucks abweichen da durch die West-Ost verlaufenden Gebirgsketten des Karwendelgebirges ein starker topographischer Einfluss auf Luftbewegungen und Niederschläge zu erwarten ist. Sicher ist jedoch dass auch in den Karwendel-Vorbergen deutlich humide Verhältnisse herrschen, was allein durch die Hochmoorbildung belegt wird. Allgemein wird das Klima der nördlichen Kalkalpen dem atlantisch geprägten Klima des Alpenvorlandes zugeschrieben (FLIRI 1975).

Abb. 2: Klimadiagramm am Standort Universität Innsbruck

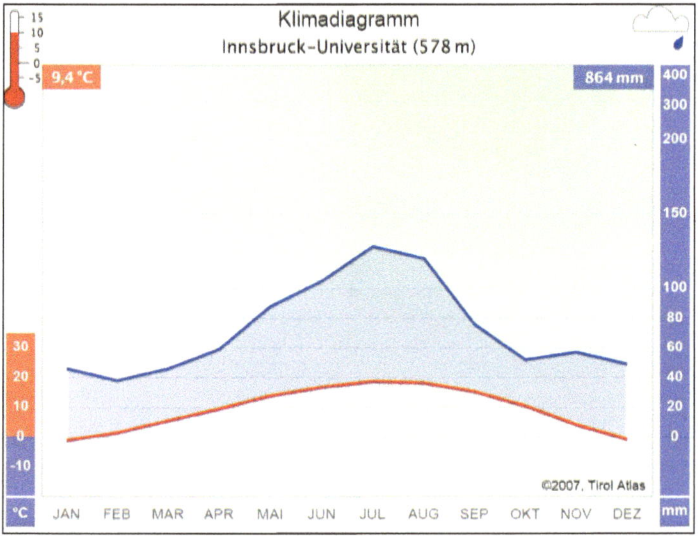

Quelle: http://tirolatlas.uibk.ac.at

2.3 Geologie

Geologisch gesehen gehört das Karwendelgebirge zu den Nördlichen Kalkalpen die sich als 25-45km breites Band in W-E-Richtung vom Alpenrhein bis zum Wiener Becken erstrecken (Abb.3). Zu finden sind hier Gesteinsformationen vom Perm bis ins Alttertiär die stellenweise von quartären Moränen und Flussschottern überlagert werden. Im Karwendel findet man einige Formationen des Mesozoikums, genauer der mittleren und oberen Trias, Jura Basiskalke und Schichten der unteren Kreidezeit. Durch den Deckencharakter der Alpen sind die geologischen Einheiten oftmals nicht ganz klar abzugrenzen und es entstehen regional verschiedene Faziesräume. Einen Überblick über die geologische Situation gibt der Ausschnitt der geologischen Karte in Abbildung 4.

Abb. 3: Geologische Übersicht der Alpen

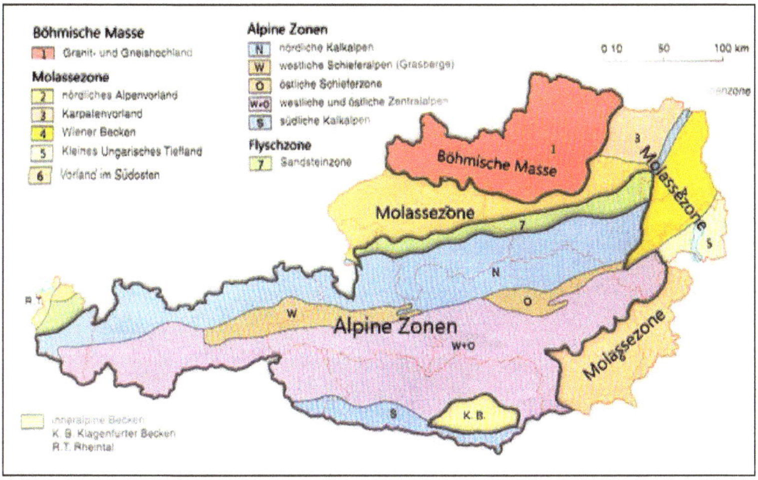

Quelle: www.burkina.at

Die stratigraphische Gliederung der Nördlichen Kalkalpen umfasst die Bayrisch-Nordtiroler Fazies, Berchtesgadener Fazies und Hallstätter Fazies für den Zeitraum Perm und Trias. Das Karwendelgebirge wird der Bayrisch-Nordtiroler Fazies (auch Vorarlberger Fazies genannt) zugerechnet. Es folgt nun eine kurze nach Chronologie geordnete Einteilung der im Karwendel vorkommenden geologischen Einheiten.

2.3.1. Mittlere Trias

Der Epoche der Mittleren Trias sind die Stufen Anis und Ladin zuzuordnen. Diese Gesteinsserien findet man hauptsächlich im Gebiet der vorher im Text beschriebenen Gebirgsketten im zentralen Bereich des Karwendelgebirges. Die Gebirge hier sind überwiegend aus Wettersteinkalk aufgebaut der dem jüngeren Ladin zuzuordnen ist. Nördlich und südlich davon verlaufen Bänder von Anis-Zeitlichem alpinem Muschelkalk und als Reichenhaller Schichten bezeichnete Dolomite und Kalke. Durch die Faltentektonik bei der alpidischen Orogenese wurden die Gesteinsschichten verstellt und durch Erosion freigelegt. So wurden große Teile des eigentlich jüngeren Wettersteinkalks aufgeschlossen, weshalb diese Schicht im Karwendel die größte Fläche einnimmt. Der Wettersteinkalk lässt sich in drei Einheiten gliedern wobei zwei Schichten mit gebankten Kalken und Dolomiten als obere und untere Gesteinspakete eine mittlere Schicht aus hellen Massenkalken umschließen. Die gebankten Gesteine entstanden als Ablagerungen auf der Rückseite von Riffen in Lagunenbereichen wo aufgrund geringer Strömungsverhältnisse eine gleichmäßige, schichtweise Ablagerung von kalzitischen Mikroorganismen möglich war. Die massigen Bereiche des Wettersteinkalk sind nicht als Korallenriff gewachsen sondern zeigen Kalkschwämme als hauptriffbildende Organismen. Zwischenräume innerhalb dieser massigen Riffkalke werden oft von Calzitlagen ausgefüllt und bilden sog. Großoolithe (DOBEN et.al 1996). In die obere der beiden gebankten Schichten sind stellenweise Erzlagerstätten mit Bleiglanz, Zinkblende, Flussspat und Wulfenit eingeschlossen die z.T. wirtschaftlich abgebaut werden, so auch im Lafatscher Tal im Karwendelgebirge.

2.3.2. Obere Trias

Am Übergang von der mittleren in die obere Trias, genauer gesagt vom Ladin ins Karn, ist ein deutlicher Fazieswechsel sichtbar. Auf die marinen Kalke und Dolomite des Wettersteinkalks folgen hier terrestrische Sedimente mit tonig-sandigem Charakter. Die Raibler Schichten sind wechselgelagerte Schichten aus Tonmergel- und Mergellagen, Sandsteinen und marinen Dolomit- und Mergelkalken. Sie stellen durch den z.T. hohen Tongehalt des Mergels bedeutende Grundwasserstauer dar.

Die Gebiete außerhalb der Gebirgsketten des Karwendel sind in erster Linie aus Hauptdolomit aufgebaut der zur Stufe des Nor gezählt wird. Er ist einer der Hauptgipfelbildner der nördlichen Kalkalpen und wird nach seinen Bildungsbedingungen in einen dünnbankigen, dunklen unteren Hauptdolomit und einen helleren und stärker gebankten oberen Hauptdolomit gegliedert. Beide entstanden im Bereich des Tidenhubs vorzeitlicher Ozeane. jedoch der untere Teil supratidal, der obere dagegen intertidal (DOBEN et.al. 1996). Als besondere Bildungen enthält der Hauptdolomit auch subtidal gebildete bituminöse Asphaltschiefer die in Seefeld bis Anfang der 1990er Jahre als Ichtyolschiefer wirtschaftlich abgebaut wurden. Im Norden und vor Allem Nordosten des Karwendel treten im Hauptdolomit zunehmend Kalkbänke auf die in Flachmeerregionen bituminöse Plattenkalke bildeten.

Zwischen den Riffbereichen, im Karwendel auf die Dürrachgruppe im Nordosten beschränkt, sind die tonig-mergeligen Kössener Schichten aufgeschlossen. Hier entstand eine Wechsellagerung von Schiefertonen, plattigen Mergelkalken und mächtig gebankten Kalksteinen.

2.3.3. Jura (Lias,Dogger,Malm)

In der nachfolgenden Jura-Zeit stieg der Meeresspiegel an und eine fazielle Gliederung wie in der Trias ist nicht mehr gegeben. Die Juragesteine sind stark zergliedert und finden sich vor Allem im Norden und in synklinalen alpidischen Faltenstrukturen. Die sporadische Verteilung lässt sich darauf zurückführen dass der Jura hauptsächlich von leicht erodierbaren Gesteinen aufgebaut ist, und dass zur Zeit der Öffnung des Mittelatlantiks triaszeitliche Großstrukturen unter tektonischem Stress zerbrochen wurden. Es wurde hier eine Gliederung in Abhängigkeit seiner Bildungsbedingungen in Beckenfazies, Schwellenfazies und Übergangsfazies vorgenommen.

Die Beckenfazies ist durch mäßig bis gut gebankte Kalk und Mergel Wechsellagen charakterisiert die am Alpenrand häufig Sand enthalten. Es können häufig kieselige Radiolarite und Mangankrusten auftreten wie es nahe Adnet im sog. Adneter Marmor der Fall ist. Die Schwellenfazies dagegen ist schlecht gebankt und bildet massige, oft verschieden gefärbte Kalksteine. Hier seien Hierlatzkalk, Oolithkalk und Malmkalke genannt. In der vertikalen Gliederung zwischen Becken- und Schwellenfazies liegen die Kieselkalk und Hornsteinknollenkalkbänke der Übergangsfazies. Es sind dies dünngebankte bis plattige Kalksteine mit hohen Gehalten an Kieselsäure die zu Einschlüssen von schwarzen bis gelblichen Hornsteinknollen führen. Der hohe Kieselsäuregehalt ist auf Kieselschwämme und Radiolarien zurückzuführen (DOBEN et.al. 1996).

2.3.4. Kreide

In den Kreidegesteinen erkennt man deutlich die orogenen Bewegungen die zur Entstehung der Alpen geführt haben. Vor Allem in den Tannheimer Schichten der höheren Unterkreide (Apt und Alb), die auch im Karwendelgebirge aufgeschlossen sind, sind auf Gebirgsbildung zurückzuführende Winkeldiskordanzen sichtbar (DOBEN et.al. 1996, HERM 1979). Die Wechsellagerungen aus Schiefertonen, Mergeln, Sandsteinen und Kieselkalken treten im nordwestlichen Teil des Karwendels zusammen mit den Juraformationen auf.

Abb. 4a: geologische Formationen im Karwendelgebirge und Legende zur geologischen Karte von Bayern (siehe Abb. 4b)

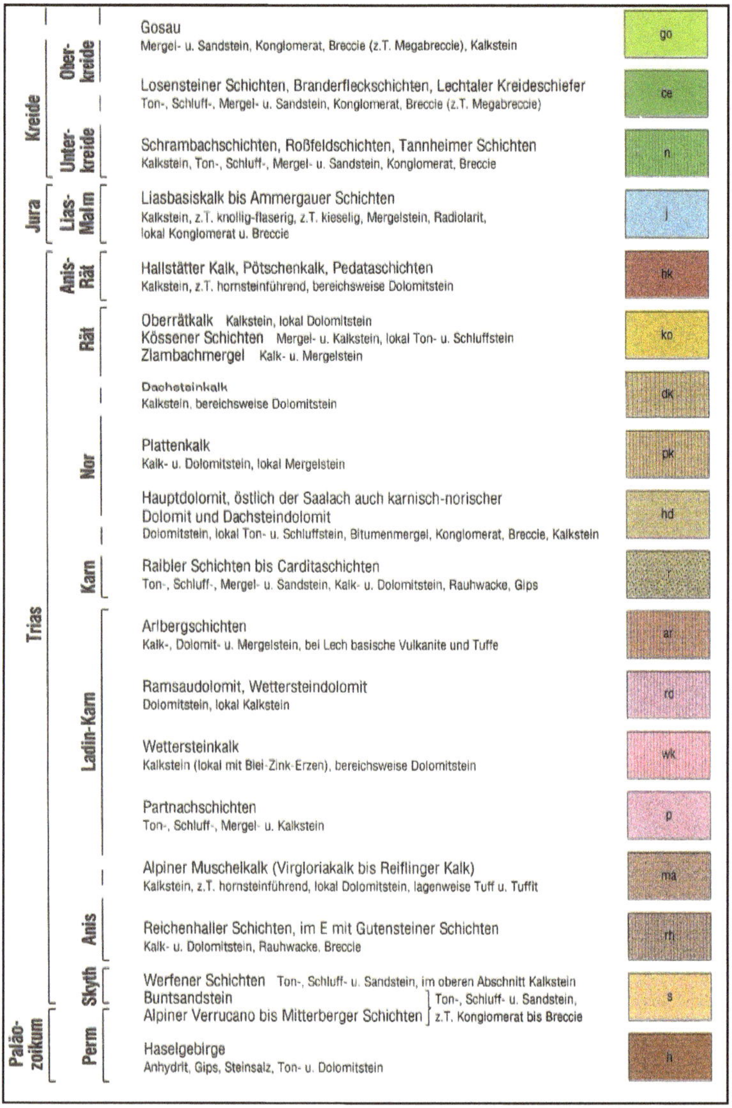

Quelle: DOBEN 1996

Abb. 4b: Geologische Karte für das Gebiet Karwendelgebirge

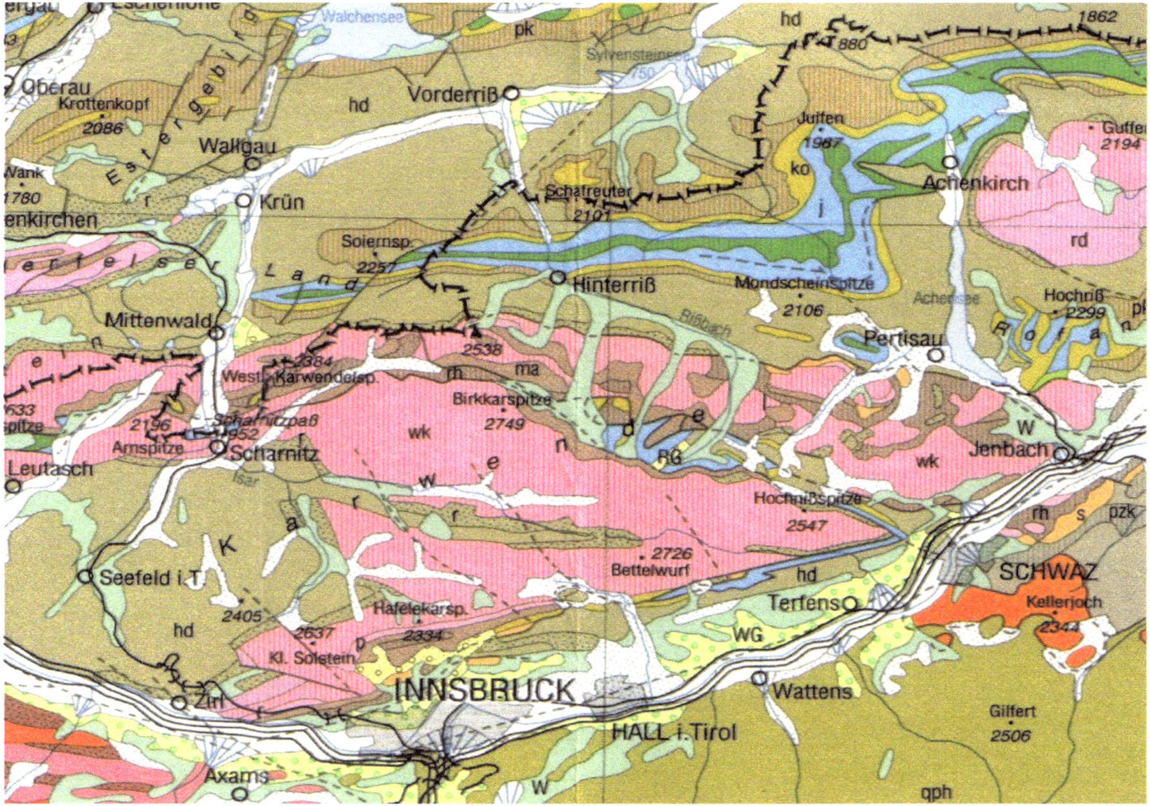

2.4 Geographische Lage des Halslkopfmoores

Das Halskopfmoor liegt im Nordwestteil des Karwendelgebirges bei 47°34`09``N und 11°37`24``E zusammen mit einer Gruppe weiterer Moore westlich der Ortschaft Achenkirch (Abb.5). Etwas nördlich von Achenkirch liegt die Ortschaft Achenwald. Von dort aus kann das Gebiet über einen Forstweg erreicht werden (Abb.6). Dieser endet bei einer Berghütte von der aus noch ca. 250m Fußmarsch nach Westen bis zur deutlich aufgewölbten Hochmoorweite des Halslkopfmoores zu absolvieren sind (Abb.7). Die Höhe über dem Meer beträgt 1371m, in etwa 35 Höhenmeter unterhalb der Halslkopfspitze im Nordosten des Moores.

Abb. 5: Übersicht der Karwendelmoore

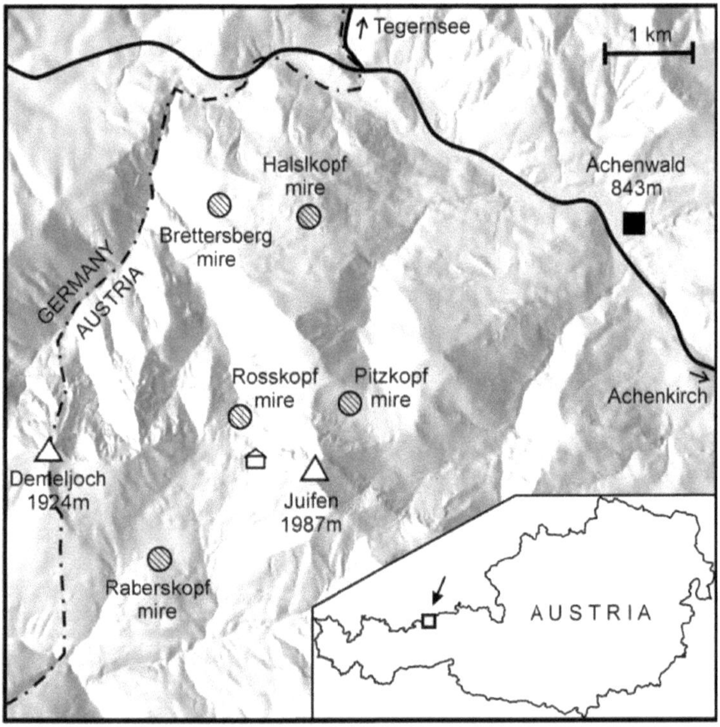

Quelle: SASS et. al. 2010

Abb.6: Weg von Achenwald zum Untersuchungsgebiet

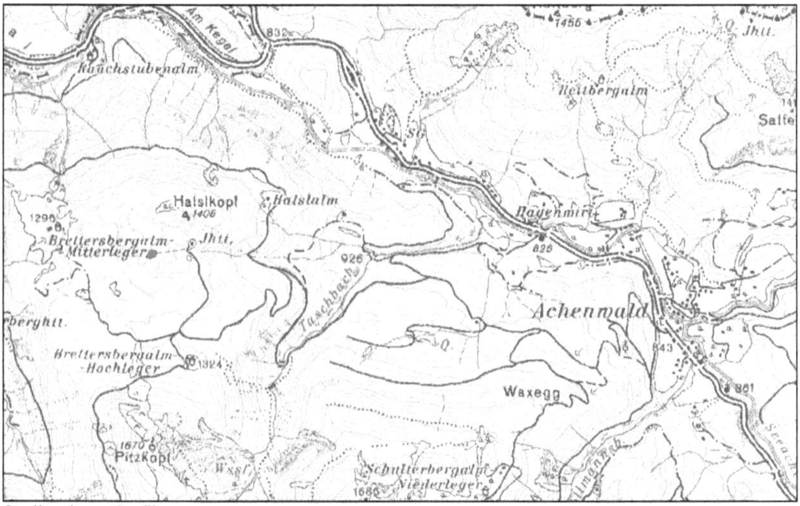

Quelle: eigene Grafik

Das Halslkopfmoor ist ein deutlich über das Gelände herausgewachsenes Hochmoor mit einer eindeutig abgrenzbaren Hochmoorweite mit zentral noch stark vernässten Stellen (Abb.7). Der Grund warum der Torfmoos-Hochmoorkörper nicht gleichmäßig und störungsfrei bewachsen ist mag an der Degradation durch Weidevieh in der Vergangenheit liegen. Durch Tritt wurde der Randbereich des Moorkörpers verletzt so dass größere Mengen Wasser aus dem eigenen Hochmoorwasserspiegel ausflossen als es unter ungestörten Bedingungen der Fall gewesen wäre. Eine teilweise Mineralisierung und Sackung der Geländeoberfläche war die Folge. In Renaturierungsmaßnahmen wurden die beschädigten Bereiche mit Holzbrettern abgedichtet um so dass Wasser des Hochmoorkörpers zu stauen. Das diese Maßnahmen ihren Zweck erfüllen sieht man nun an dem sehr nassen Zentralbereich der Hochmoorweite und an der üppigen Bulten- und Schlenkenvegetation mit Torfmoosen und Sauergräsern. Zum Rand hin ist ein deutliches Randgehänge zu erkennen mit im Hochmoortorf wurzelndem Fichten-Moorwald mit zahlreichen Ericaceen. Im Randlagg ist es zu feucht für ausgeprägte Gehölzvegetation und die Vegetation ist relativ offen.

Abb.7: oben: Hochmoorweite mit kleinen Wasserstellen und Bulten-Schlenkenvegetation
unten: Übergang Hochmoorweite zu Randgehänge mit Fichten-Moorwald

Foto: M. Jüttner

3. Material und Methoden

3.1 Feldmethoden

Die Probennahme erfolgte auf einer aus *Polytrichum strictum* gebildeten Bulte an der Westseite des Halslkopfmoores. Die nötigen vorbereitenden Felduntersuchungen wurden bereits vor der Bohrung von Prof. Dr. Arne Friedmann und Prof. Dr. Oliver Sass durchgeführt (SASS et.al 2010). Bei dieser ersten Untersuchung wurde der Moorkörper mit Teleskop-Sondierstangen auf seine Mächtigkeit hin untersucht. Der Standort mit der maximalen Torfmächtigkeit wurde per GPS eingemessen. Wenn die eigentliche Bohrung relativ zeitnah durchgeführt wird kann die Bohrstelle eventuell auch mit einem Stock oder ähnlichem markiert werden.

Zusätzlich zur Tiefenermittlung wurde mit einem Pürckhauer Bohrstock ein Kern gezogen um die Abfolge von Torfhorizonten zu bestimmen. Dabei wurden die Parameter Bodenfarbe, Humifizierungsgrad und sichtbare Großreste untersucht. Die genaue Beschreibung der Stratigraphie und die Interpretation der möglichen Moorgenese wird später im Text genauer behandelt.

Der Bohrkern für die palynologischen Untersuchungen wurde mit einem russischen Kammerbohrer gewonnen (Abb.8). Der Vorteil ist dass die Störungen die der Kern beim herausziehen erfahren könnte beim Kammerbohrer sehr gering gehalten werden. Einerseits wird bei der Bohrung das Gehäuse des Bohrers komplett um den Kern geschlossen und dadurch ein Materialversatz beim Herausziehen verhindert. Zum anderen ist der Durchmesser des Kerns groß genug um aus dem ungestörten Kerninneren genügend Material für die Laboruntersuchungen gewinnen zu können. Das Arbeitsprinzip des Kammerbohrers wird in Abbildung 9 deutlich.

Abb.8: Torf-Bohrkern aus einem russischen Kammerbohrer

Foto: M. Jüttner

Abb.9: Arbeitsprinzip eines russischen Kammerbohrers - helle Signatur: ungestörter Boden ; dunkle Signatur: Material im Bohrer – (1) geschlossener Bohrer im Boden ; (2) Durch Drehen des Halbzylinders wird das Bodenmaterial herausgeschnitten ; (3) Bohrer schließt sich um Bodenkern

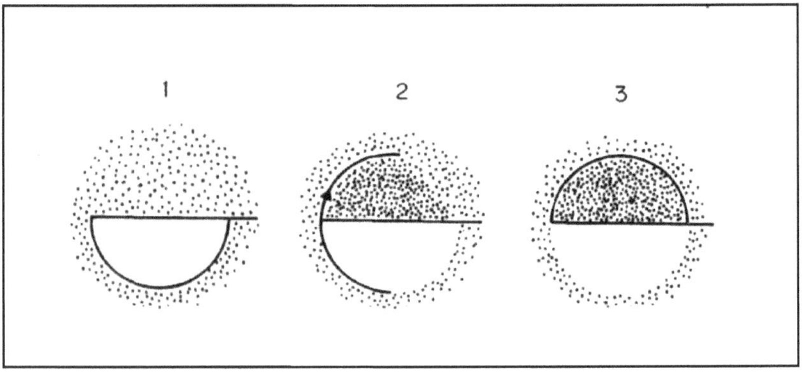

Quelle: FAEGRI & IVERSEN 1989

Die Länge der einzelnen Kerne beträgt 50cm. Bei der beschriebenen Bohrung konnte eine Tiefe von 511cm beprobt werden. Die maximale Tiefe die bei der Sondierung gemessen wurde und die tatsächlich erreichte Bohrtiefe können voneinander abweichen da der Moorkörper dem Kammerbohrer mit seinem mehr als doppelt so großen

Durchmesser natürlich einen sehr viel höheren Widerstand entgegensetzt als dem Pürckhauer Bohrstock oder gar den maximal 1cm dicken Sondierstangen.

Wenn mit genügender Vorsicht vorgegangen wird kann man den gesamten Kern einer Bohrung ohne Beschädigungen auf ein vorher beschriftetes Holzbrett überführen. Die als stabilisierende Unterlage dienenden Bretter sollten einheitlich beschriftet werden. In unserem Fall wurde dem Standort Halslkopfmoor die Abkürzung HKM gegeben und jeder Kern mit einer Nummer versehen. An den Enden der Bretter empfiehlt es sich die jeweilige Tiefe zu vermerken um spätere Verwechslungen auszuschließen (Abb.10).

Abb. 10: Beispiel für die Beschriftung der Probenunterlagen

Foto: M. Jüttner

Sind die Bretter beschriftet muss bei der Überführung des Kerns auf das Brett darauf geachtet werden dass es richtig herum liegt. Bei einer Verwechslung würde beispielsweise die tatsächliche Tiefe von 100cm bei der Markierung von 50cm zum liegen kommen. Wie gravierend ein solcher Fehler wäre liegt auf der Hand wenn man sich vor Augen führt dass die jeweiligen Kurven im Pollendiagramm dadurch genau spiegelverkehrt dargestellt werden würden. Die Ergebnisse verlieren damit vollkommen ihre Aussage zumal im Nachhinein oft schwer festgestellt werden kann welche Kerne eventuell vertauscht wurden und welche nicht.

Um den Torf vor zu starker Sonneneinstrahlung zu schützen wickelt man den Kern in Aluminiumfolie welche man vorher auf dem Brett ausgebreitet hat. Dadurch wird zu starke Austrocknung verhindert und es wird zusätzlich gewährleistet dass die Proben später noch für Radioisotopenuntersuchungen geeignet sind. Abschließend sollte man die Proben auf den Brettern noch fixieren und gegen Schäden durch Quetschungen schützen. Hierfür hat sich Frischhaltefolie bewährt die mehrfach um den Kern gewickelt und an den Enden mit Klebeband verschlossen wird. Es ist dennoch darauf zu Achten dass man genug Platz in den Transportmitteln bereit stellt um zu verhindern dass Proben gestapelt werden müssen und so eventuell Beschädigungen oder Quetschungen entstehen. Auch eine senkrechte Lagerung sollte verhindert werden da vermutet wird dass durch Sickerbewegungen des Moorwassers Pollenkörner und Sporen in andere Horizonte verdriftet werden könnten. Sind die Kerne später einmal eingefroren sollte das keine Rolle mehr spielen und eine für das Ergebnis gefahrlose vertikale Lagerung möglich sein.

Bei den Bohrarbeiten gibt es noch ein paar Dinge deren Missachtung zu einem unerwünschten Verfälschen der Ergebnisse führen könnten. Das Bohrgestänge sollte immer möglichst senkrecht entlang des bereits bestehenden Bohrganges in den Boden eingeführt werden. Abweichungen führen dazu dass der Kern nicht die oberste Schicht des noch nicht beprobten Bodens ansticht, sondern dass bereits angebohrte Horizonte den obersten Bereich des Kammerbohrers füllen. Erstens schafft man damit Überschneidungen der erbohrten Horizonte, zweitens wird die Gesamtmächtigkeit des Kerns künstlich vergrößert da die geneigte Lage des Bohrers mächtigere Einzelhorizonte vortäuscht als tatsächlich der Fall ist. Der entstehende Fehler mag im Einzelnen sehr gering sein, auf die gesamte Ausdehnung kann sie sich allerdings zu mehreren Zentimetern addieren und so das Ergebnis ausschlaggebend beeinflussen. Des weiteren sollte darauf geachtet werden dass die bearbeitenden Personen der Bohrstelle nicht zu nahe kommen, bzw. nicht mit dem Fuß versehentlich dass Bohrloch betreten. Abgesehen davon dass das Wiederfinden der Einstichstelle erschwert wird ist die Gefahr groß dass Fremdmaterial von der Bodenoberfläche in das Bohrloch rutscht. Auch hier wäre eine Verfälschung der natürlichen Stratigraphie die Folge. Die Gefahr das Material von den Seitenwänden des Bohrganges nachrutscht oder bei starker Nässe und starker Humifizierung auch nachfließt ist jederzeit gegeben und lässt sich nur schwer vermeiden. Ein Problem welches aufgrund des Torfcharakters entstehen kann ist ein zu großer Bohrwiderstand in Bereichen mit sehr schwach zersetzten Torfen. Wie bereits erwähnt lässt sich der Kammerbohrer wegen seines großen Durchmessers oft schwer im Boden versenken. Bei der Halslkopf-Bohrung trat dieses Problem bei Kern Nummer 7 (300 – 350cm) auf. Ab einer Tiefe von 336cm war es nicht mehr möglich weiter zu bohren und es musste anschließend ein weiterer Kern gezogen werden der den

Tiefenbereich von 336cm bis 345cm abdeckt (Abb.10 und Abb.11).

Abb.11: Teilkern 7b: 336cm – 345cm

Foto: M. Jüttner

Der Bereich bis zur Basis des Moorkörpers wurde mit einem Pürckhauer Bohrstock entnommen (Abb.12) und Abschnitte von jeweils 1cm Mächtigkeit vorsichtig in beschriftete Tüten verpackt. Die Vorraussetzungen für eine ungestörte Probe sind in diesem Fall nicht so ideal wie bei den Kammerbohrproben, es wurde später aber akribisch darauf geachtet das Material aus dem Zentrum der einzelnen Torfwürfel gewonnen wird um den Einfluss von äußerlichem Versatz so gut wie möglich auszuschalten.

Abb.12: links: Pürckhauer Bohrstock mit Kern; rechts: Detailaufnahme Kern

Foto: M. Jüttner

Die erreichte Kernlänge beträgt 511cm wovon bis zu einer Tiefe von 450cm Torflagen verschiedener Zusammensetzung und Humifizierung vorliegen. Bis 485cm hat sich ein Übergangsbereich mit Mudde und Gyttja gebildet der aber noch von deutlichen Pflanzenresten durchsetzt ist und demnach als Torfmudde bezeichnet wird. Ab 486cm ist schließlich die untere Grenze der Torfbildungshorizonte erreicht und das Profil wird durch eine bei der Seeverlandung entstandene Kalkmudde abgeschlossen. Wie bereits oben beschrieben werden die Kerne verpackt und möglichst schnell eingefroren um etwaige Wasserflüsse innerhalb des Kerns zu vermeiden. Für die weitere Bearbeitung im Labor werden die Kerne wieder aufgetaut.

3.2. Labormethoden

3.2.1. Probenentnahme

Für das Herausschneiden der Proben aus den Bohrkernen haben sich verschiedene Methoden etabliert. Als mögliche Messgrößen kann man entweder das Probenvolumen oder das Probegewicht heranziehen. Primär ist zu beachten dass die Probenmenge immer möglichst gleich ist um die Ergebnisse später optimal miteinander vergleichen zu können. Diese Prämisse zeigt aber auch gleich schon die Problematik bei der volumetrischen Probengewinnung. Wird beispielsweise ein Stechzylinder mit $1cm^3$ Inhalt verwendet unterscheiden sich die Mengen des genommenen Materials aufgrund der verschiedenen Dichte, je nachdem wie stark der Torf der Zersetzung bzw. Humifizierung ausgesetzt war. Mäßig zersetzter Torfmoos-Torf mit hohem Anteil an unzersetztem Pflanzenmaterial entspricht bei gleichem Volumen einer viel geringeren Probenmenge als das gleiche Volumen von stark zersetztem, verkitteten Niedermoortorf. Zudem muss bei der Entnahme nach Volumen beachtet werden dass die Kerne alle die gleiche Auftauzeit haben. Ist ein Kern in seinem Inneren noch gefroren nimmt das enthaltene Wasser einen größeren Raum ein als es in flüssigem Zustand der Fall wäre. Da der Kern im Laufe der Arbeiten aber weiter taut und das Wasser je nach Bodenbeschaffenheit auch in unterschiedlicher Verteilung gefriert ist es sehr schwierig wirklich gleiche Volumina von Torfmaterial zu gewinnen.

Um diese Messfehler zu vermeiden wurden die Proben nach gravimetrischem Verfahren entnommen. Es wurden jeweils genau 1,000g Bodenmaterial abgewogen und in einem Döschen wieder eingefroren. Auch wenn diese Methode im Vergleich zur vorher beschriebenen sehr zeitintensiv ist lohnt es sich wegen der besseren Vergleichbarkeit dieses in Kauf zu nehmen. Aber auch bei der Gewichtsbestimmung ergibt sich ein kaum abschätzbarer Fehler ausgelöst durch den Wassergehalt der Probe. Stark humifizierter Torf ist in der Lage mehr Wasser zu speichern als kaum verändertes Pflanzenmaterial welches aufgrund großer, luftgefüllter Zwischenräume eher zur Austrocknung neigt. Deshalb sollte das Schneiden eines aufgetauten Kerns möglichst schnell in einem Arbeitsschritt geschehen. Das Austrocknen während längerer Pausen wird dadurch vermieden. Da sich beim Gefrieren nicht das Gewicht einer Wassermenge sondern lediglich seine Dichte ändert ist der Grad der Gefrornis des Kerns bei dieser Methode nicht ausschlaggebend. Es hat sich sogar herausgestellt dass es die Arbeit erleichtert wenn man einen noch leicht angefrorenen Kern zur Probennahme verwendet. Es kann hier mit größerem Druck beim Schneiden gearbeitet werden ohne dass man den Kern zerquetscht oder angrenzende Bereiche beschädigt. Zudem lassen sich problemlos klar definierte Abschnitte aus dem Kerninneren herauslösen.

Bei der Bearbeitung des Halslkopfmoores wurde zunächst die oberste halbrunde Schicht mit einem Messer abgetragen um Zugang zum Kernzentrum zu bekommen. Mit einem fixierten Maßband wurden nun in 2cm Abständen die zu beprobenden Stellen markiert. Das Material wurde mit Skalpellen gewonnen und daraufhin in einer Pillenkroke mithilfe einer Sedimentationswaage sein Gewicht bestimmt. Es ist unerlässlich dass die verwendeten Werkzeuge nach jeder Entnahme gründlich abgespült und getrocknet werden. Ist dies nicht der Fall verteilt man die zu untersuchenden Pollenkörner sowie Sporen und mikroskopische Holzkohlepartikel über den ganzen Kern. Es handelt sich zwar nur um sehr kleine Mengen an Material die dabei verschleppt werden können und der Fehler ist bei Pollentypen die im ganzen Kern zu erwarten sind höchstwahrscheinlich sehr gering. Es ist aber offensichtlich wie gravierend eine solche methodische Ungenauigkeit sein kein wenn man sich vorstellt dass auch Objekte verschleppt werden die unter Umständen in bestimmten Bereichen des Kerns gar nicht vorkommen. Im schlimmsten Fall kann dadurch der Zeitraum des Auftretens einer bestimmten Pflanze verlängert werden, die Abgrenzung von charakteristischen Pollenzonen wird damit praktisch wertlos.

Werden die Kerne, wie in unserem Fall, von mehreren Bearbeitern geschnitten ist eine einheitliche Arbeitsweise wichtig um Abweichungen zu verhindern. Auch eine einheitliche Beschriftung der Probendöschen sollte beachtet werden um Verwechslungen zu vermeiden. Für das Halslkopfmoor wurde die Abkürzung HKM gewählt und mit der Probennummer sowie der dazugehörigen Tiefe kombiniert, also beispielsweise HKM 243 - 1cm. Da die Entnahme bei der tiefsten Stelle begonnen wurde sind die Probennummern mit zunehmender Tiefe in absteigender Reihenfolge gelistet. Während dem Schneiden kann es sinnvoll sein auch ein Augenmerk auf sichtbare Großreste wie zum Beispiel Nadeln von Gehölzen oder Schilf- und Seggenresten zu legen und diese zu notieren. Diese Informationen können später für einen Vergleich mit der bereits im Vorfeld aufgestellten Stratigraphie verwendet werden. Im Folgenden werden die einzelnen Arbeitsschritte bei der chemischen Aufbereitung für die Pollenanalyse beschrieben.

3.2.2. Chemische Aufbereitung der Proben

Bei der Aufbereitung ist vorab zu erwähnen dass die Arbeitsschritte mit großer Vorsicht vorzunehmen sind. Die Gefahr dass Material vermischt und so die Pollenstratigraphie verfälscht wird ist dabei noch größer als beim schneiden und wiegen, da mit fortschreitender Bearbeitung die Konzentrationen der Pollenkörner in den Proben steigen. Einzelne kleinste Tropfen können somit bereits sehr große Mengen an Material enthalten. Es muss darauf geachtet werden dass Proben die beim laufenden Arbeitsschritt nicht gebraucht werden oder bereits fertig gestellt sind nicht in unmittelbarer Nähe des Bearbeiters stehen. Auch die Gefahr dass Proben herunterfallen und im schlimmsten Falle zu Bruch gehen wird dadurch ausgeschalten. Zudem sind alle Arbeitsmaterialien vor jeder neuen Probe zu reinigen. Im Idealfall stehen einem für jede Probe eigene Materialien zur Verfügung. Auch beim Gebrauch von Spritzflaschen und Pipetten sollte man vermeiden mit der Probe in Kontakt zu kommen. Diese können in manchen Fällen nicht ohne weiteres mit Wasser behandelt werden wie z.B. beim Umgang mit H_2SO_4. Grundsätzlich ist es, abgesehen von der Vorsicht bei praktischen Arbeitsgängen, unerlässlich auf eine logische und einheitliche Benennung und Beschriftung der Proben und der Arbeitsmaterialien zu achten. Es folgt nun eine genaue Beschreibung der einzelnen Schritte und der Auswirkungen die diese auf das Material haben.

3.2.2.1. Salzsäurebehandlung

In der Literatur wird oft eine Behandlung mit warmer Salzsäure empfohlen um jeglichen Anteil an Calciumkarbonat aus der Probe zu lösen. In diesem Fall wurde darauf verzichtet und lediglich jedem Probendöschen eine kleine Menge HCl zugegeben und die Reaktion beobachtet. Bei Kontakt von Salzsäure mit Kalk wird nach der folgenden Formel

$$CaCO_3 + 2HCl \rightarrow CaCl_2 + H_2O + CO_2 \uparrow$$

Kohlendioxid frei und führt bei ausreichendem Kalkgehalt zu einem deutlichen Sprudeln und Zischen des Materials. Dies ist in der Bodenkunde und Geologie eine gängige Methode um im Feld schnell bestimmen zu können ob ein carbonatisches oder silikatisches Material vorliegt. Im Falle eines Torfkörpers ist generell kaum Kalk zu erwarten da Torf durch organische Substrate aufgebaut wurde. Wenn Kalk eingetragen wurde, z.B. durch Flächenspülungen vom angrenzenden Gestein, ist sein Gehalt in der Regel so niedrig dass er keine störende Wirkung hat. Die einfache Behandlung mit etwas Salzsäure sollte zur Lösung von Restgehalten deshalb ausreichen. Um die gesamte Probe in Kontakt mit HCl zu bringen kann nach der Zugabe mit einem Glasstab umgerührt werden. Natürlich ist darauf zu achten dass für jede Probe ein eigener Stab verwendet wird. Ist die Behandlung mit Salzsäure abgeschlossen überführt man die Proben in beschriftete Erlenmayrkolben und kommt zum nächsten Schritt.

3.2.2.2. Kalilauge (KOH)

Im Gegensatz zur Mineralisierung von organischem Material in Anwesenheit von Sauerstoff wird unter anaeroben Bedingungen wie sie in wassergesättigten Moortorfen herrschen das Material nicht zersetzt sondern beim Prozess der Humifizierung umgewandelt. Dabei wird die Streu sehr langsam zu organischen Säuren wie Huminsäuren oder Fulvosäuren umgebaut die in den Torfen eingelagert sind. Diese organischen Säuren rufen im Moorwasser eine braune Färbung hervor die man häufig in offenen Wasserstellen in Moorlandschaften beobachten kann (Braunwasserseen). Man spricht in diesem Fall von dystrophen Verhältnissen die sauer und nährstoffarm sind, aber wie erwähnt reich an Huminsäuren. Durch die Behandlung mit 10 %iger Kalilauge sollen diese organischen Säuren gelöst werden um die Beeinträchtigung der Sicht durch die braune Färbung bei der späteren Untersuchung unter dem Mikroskop möglichst zu verringern.

Mit einer Pipette werden nun jeweils 25ml KOH in jeden der Erlenmayrkolben gegeben und die Bodenprobe mit einem Glasstab zusätzlich verrührt. Die Benutzung von Erlenmayrkolben empfiehlt sich weil das Boden-KOH-Gemisch nun gekocht werden muss und der enge Hals der Kolben ein herausspritzen der Lösung verhindert. Dennoch sollte man die Öffnung zusätzlich verschließen. Im vorliegenden Fall wurde Alufolie verwendet in die ein kleines Loch gestochen wurde um dem beim Kochen entstehenden Dampf ein Entweichen zu ermöglichen ohne dass unter Druck der Deckel abgehoben wird. Die Proben werden nun auf Laborkochplatten erhitzt bis sie gleichmäßig kochen. Die Temperatur darf dabei nicht zu hoch werden da die Lösung sonst im Kolben überkocht und die Gefahr besteht dass ein Teil des Materials verloren geht. Die Temperatur ist so zu wählen dass die Lösung zwar durchgehend siedet aber nicht im Kolben ansteigt. Es kann jedoch immer einmal vorkommen dass man die Proben zu stark erhitzt. In diesem Fall ist es wichtig immer mit einer Laborzange bereit zu stehen um eventuell überkochende Proben kurz anzuheben und zu schütteln, wenn nötig sogar kurz von der Platte zu stellen bis sie wieder etwas abgekühlt sind und wieder gefahrlos erhitzt werden können. Nach 10 Minuten nimmt man die Kolben von der Kochplatte und lässt sie abkühlen.

Die Proben werden nun von allen durch die ersten beiden Behandlungen gelösten Anteile befreit indem sie durch Schweretrennung gewaschen werden. Dafür muss die Lösung in den Erlenmayrkolben möglichst vollständig in Zentrifugenbecher überführt werden. Es ist ratsam die Proben durch ein Sieb zu kippen um sie zusätzlich von makroskopischen Bestandteilen zu säubern. Die Makroreste können eingefroren oder in Glycerin konserviert werden um sie später für Großrestanalysen zu verwenden. Um unnötigen Materialverlust zu vermeiden spült man den Kolben gründlich mit destilliertem Wasser (Aqua dest.) aus. So verfährt man auch mit dem Sieb bis nur noch die Großreste übrig sind. Beim Nachspülen muss darauf geachtet werden dass man nicht von vornherein zu viel Wasser in den Kolben gibt und damit die maximale Füllmenge der Zentrifugengläser überschreitet. In diesem Fall kann entweder nicht das komplette Material ins Glas gebracht werden oder der zu hohe Füllstand verursacht eine Überbelastung der Zentrifuge. Auch bei ungleichmäßiger Befüllung der Gläser können Probleme auftreten wenn durch die unregelmäßige Gewichtsverteilung eine Unwucht entsteht die auf die Zentrifugenachse wirkt. Im schlimmsten Fall kann die Zentrifuge schweren Schaden nehmen und die Arbeiten müssen unterbrochen werden. Deshalb sollte immer vor jedem Zentrifugieren nachgeprüft werden dass die Behälter gleichmäßig befüllt sind. Ungleiche Wasserstände werden durch Tarieren mit der Spritzflasche oder einer Pipette ausgeglichen.

3.2.2.3. Waschen der Proben

Zwischen den Arbeitsschritten werden die Proben sehr oft gewaschen, das heißt man löst sie in Aqua dest. und trennt durch Zentrifugieren das feste Bodenmaterial von störenden Stoffen die nach wie vor in Lösung in den Proben enthalten sind, wie beispielsweise die vorhin erwähnten Huminsäuren. Nach dem Umfüllen der Proben werden diese das erste mal gewaschen, deshalb soll an dieser Stelle kurz beschrieben werden wie man dabei vorgeht und was zu beachten ist um Probenverluste zu vermeiden. Da dieser Vorgang im Laufe der Aufbereitung immer derselbe ist und zur Verbesserung der Ergebnisse auch beliebig oft wiederholt werden kann wird im folgenden Text an gegebener Stelle nur noch vom Waschen der Proben die Rede sein ohne jedes mal auf den genauen Vorgang einzugehen.
Um Verwechslungen der Proben zu verhindern legt man sich ein individuelles System zurecht in welcher Reihenfolge man die Zentrifuge bestückt und behält dieses die gesamte Aufbereitung über bei. Angaben über die Geschwindigkeit und Dauer der Zentrifugierung weichen bei vielen Bearbeitern voneinander ab. Die Einstellungen sollten so gewählt werden dass eine deutliche Trennung von Flüssigkeit und Festmaterial festzustellen ist. In Fall Halslkopfmoor wurden die Proben 10 Minuten lang bei einer Geschwindigkeit von 3000 Umdrehungen in der Minute behandelt. Hat die Zentrifuge ihr Programm beendet entnimmt man die Gläser und schüttet das Wasser ab. Dabei besteht die Gefahr dass das abgesetzte Material mit dem Wasser aus dem Behälter rutscht. Deshalb ist hier größte Vorsicht geboten. Ideal ist es wenn der Bodensatz soweit verdichtet ist dass er selbst bei ruckartigem Entleeren haften bleibt. Ist dies nicht der Fall kann durch Erhöhen der Umdrehungszahlen oder der Dauer der Behandlung Abhilfe geschaffen werden. Das restliche Material wird nun wieder mit destilliertem Wasser unter Zuhilfenahme eines Glasstabes vermischt und der Vorgang wiederholt bis das Wasser keine Trübung mehr aufweist. Es hat sich heraus gestellt dass nach zwei- bis dreimaligem Waschen ein zufriedenstellendes Ergebnis erreicht ist.

3.2.2.4. Flusssäure (HF)

Um silikatisches Material aus den Proben zu lösen ist der Einsatz von Flusssäure nötig. Diese Behandlung benötigt Arbeitsvoraussetzungen die in unserem Labor nicht gegeben sind. Die sehr giftigen Dämpfe die dabei entstehen setzen den Gebrauch eines starken Abzugs mit ausreichend hohem Kamin voraus, sowie säureresistente Ganzkörper-Schutzkleidung und Atemmasken mit speziellen Filtern. Möchte man Gesteinsproben auf ihre mikropaläontologischen Einschlüsse hin untersuchen ist dieser Arbeitsschritt unerlässlich, im Fall von biogen gebildetem Torf aber nicht zwingend notwendig. Sind die Vorraussetzungen gegeben und man entschließt sich die HF-Behandlung durchzuführen sei darauf hingewiesen dass dafür Behälter aus Kunststoff verwendet werden müssen da die Säure Behälter aus Glas angreift und die Proben verloren gehen. Die Proben müssen mit 50ml HF vermischt ca. 24 Stunden unter dem laufenden Abzug stehen gelassen werden um jegliches Material zu lösen. Sollte die Säuremenge oder die Reaktionszeit nicht ausreichen kann Flusssäure nachgegeben werden bis die Reaktion abgeschlossen ist. Die Zeit von 48 Stunden darf jedoch nicht überschritten werden weil dann auch die Exine der Pollenkörner angegriffen werden kann und sie für die Zählung unkenntlich machen (KRAUS 1987). Aus Gründen der Sicherheit sollte der Zutritt zum Labor während der Behandlung für andere Personen untersagt bleiben. Abschließend werden die Proben durch Zentrifugieren von der Säure gereinigt und mehrmals gewaschen.

Die weiteren Arbeitsschritte finden in Reagenzgläsern statt in die das Material mittels eines Trichters überführt werden. Dabei muss man beim Ausspülen der ursprünglichen Behälter mit der Wassermenge vorsichtig sein weil ein Reagenzglas viel weniger Volumen aufnehmen kann als die bisher verwendeten Zentrifugenbehälter.

3.2.2.5. Acetolyse nach Erdtman

Die Proben sind nun von den anorganischen Bestandteilen und von Huminsäuren gereinigt und enthalten jetzt nur noch organische Komponenten. Gemäß der Zusammensetzung von Moortorfen handelt es sich dabei um Cellulose von leicht zersetzten oder auch unzersetzten Pflanzenresten. Um Cellulose aufzulösen ist der Einsatz stärkerer Säuren nötig weshalb die Proben vorher entwässert werden müssen. Dies geschieht durch Zugabe von 100%iger Essigsäure, sog. Eisessig. Die Proben werden unter dem Abzug mit dem Eisessig verrührt und mindestens 30min stehen gelassen. Bei diesem Arbeitsschritt wurden zusätzlich Tabletten mit konzentrierten Lycopodium-Sporen beigemischt die später bei der Zählung als Referenzmarker dienen um die Pollenkonzentration der einzelnen Proben berechnen zu können. Welcher Marker verwendet wird ist dem Bearbeiter selbst überlassen, jedoch müssen diese über das ganze Profil einheitlich sein und bei der Aufbereitung immer beim gleichen Arbeitsschritt hinzugefügt werden. Damit wird gewährleistet dass die Markerobjekte während der Aufbereitung alle den gleichen Arbeitsschritten ausgesetzt sind und eventuelle Veränderungen ihrer Struktur einheitlich ausfallen. Nach den erwähnten 30min Reaktionszeit werden die Proben zentrifugiert und der restliche Eisessig abdekantiert. Die nun möglichst wasserfreien Proben können jetzt mit dem Acetolysegemisch behandelt werden. Bevor man das Gemisch ansetzt ist es sinnvoll bereits ein Wasserbad auf 100°C zu erhitzen um Zeit zu sparen und um die Proben nicht unnötig lange den Säuren ausgesetzt zu lassen.

Für das Acetolysegemisch verwendet man einen Kunststoffbehälter in den im Verhältnis 9:1 zuerst Essigsäure-Anhydrit ($C_4H_6O_3$) und anschließend 97%ige Schwefelsäure (H_2SO_4) gegeben wird. Je nach Probenmenge ist die Gesamtmenge an Acetolysegemisch zu errechnen. Jede Probe wird mit 2,5ml Acetolysegemisch behandelt. In diesem Fall sind es pro Aufbereitung 16 Proben, also demnach 40ml Gesamtmenge. Bei dem vorgegebenen Verhältnis von 9:1 ergibt sich also eine Mischung von 36ml $C_4H_6O_3$ und 4ml H_2SO_4. Das Gemisch hat die Eigenschaft sehr schnell zu verdunsten weshalb es ratsam ist etwas mehr davon anzusetzen als rein rechnerisch benötigt wird. Das Mischungsverhältnis muss dabei natürlich berücksichtigt werden. Bei der Zugabe des Gemischs in die Gefäße ist höchste Vorsicht geboten. Zum einen weil es sich um ätzende Säuren handelt (Schutzkleidung!) und zum anderen weil das Acetolysegemisch eine geringere Oberflächenspannung hat als Wasser was dazu führt dass die Pipette leicht zu tropfen beginnt. Die Gläser werden mit Glasstäben bestückt und in das bereits kochende Wasserbad gestellt. Der Wasserstand sollte nicht zu hoch sein um zu verhindern dass Wasser in die Probenbehälter spritzt, jedoch muss sich das Material vollständig unter dem Wasserspiegel befinden. Die Kochzeit beträgt 10 Minuten und sollte diese Zeit auch nicht überschreiten. Für eine optimale Reaktion der Säuren mit dem zu lösenden organischen Material wird in etwa nach halber Zeit einmal mit den Glasstäben umgerührt. Man lässt nun die gekochten Proben abkühlen und wäscht sie mehrmals. Dabei ist es sehr wichtig dass zunächst ein- oder zweimal mit Eisessig zentrifugiert wird da die Zugabe von Wasser in Säuren zu einer heftiger

Reaktion führt. Erst wenn das Acetolysegemisch aus der Probe entfernt ist kann wieder Aqua dest. verwendet werden. Nach zweimaligem Waschen mit Wasser ist die Probe meist bereit für die weitere Bearbeitung. Es kann aber vorkommen dass auch dann noch Essigsäure zurückgeblieben und ein beißender Essiggeruch feststellbar ist. In diesem Fall sollte man den Waschvorgang so oft wiederholen bis die Proben keinen Geruch mehr abgeben.

3.2.2.6. Ultraschall

Die bisherigen Schritte sind für Pollenkörner allesamt unbedenklich da das Sporopollenin aus dem ihre Außenwände aufgebaut sind sehr schwer zersetzbar ist und durch die bisher verwendeten Chemikalien nicht angegriffen wird. Die Behandlung mit Ultraschallwellen die nun folgt ist bedenklicher weil es sich dabei um eine physische Zerstörung von Material handelt die auch die Pollenkörner betrifft. Einige Autoren raten gar vollständig von Ultraschallbehandlungen ab (JACOMET & KREUZ 1999).
Bei der vorliegenden Bearbeitung hat sich heraus gestellt dass sich mit Ultraschall noch sehr starke Verunreinigungen beseitigen lassen und die Ergebnisse bezüglich der Pollenerhaltung dennoch durchweg zufriedenstellend sind. Es muss lediglich beachtet werden dass man die Proben nur wenige Sekunden behandelt. Auch wenn der Reinigungsprozess dann immer noch nicht dem gewünschten Ergebnis entspricht sollte man auf keinen Fall die Behandlungszeit verlängern sondern sich lieber mit der etwas stärkeren Verschmutzung der Probe abfinden. Es ist allemal einfacher ein gut erhaltenes Pollenkorn inmitten von störendem Schmutz auszumachen und zu bestimmen als ein freiliegendes aber stark zerstörtes. Für die Behandlung wurde ein Ultraschallbecken mit einem Gestell versehen und soweit mit Wasser gefüllt dass die Oberfläche des Gestells gerade noch bedeckt ist. Von oben lässt man nun stetig Wasser in das Becken nachlaufen und öffnet den Ablaufhahn soweit dass der Abfluss dem Zufluss entspricht. Es entsteht so ein gleichmäßiger Wasserpegel im Becken und ein ständiger nach unten gerichteter Wasserstrom in Richtung des Abflusses. Ein Glaszylinder der an beiden Seiten geöffnet ist wird an einer Seite mit einem Mikronetz verschlossen und die Probe aus dem Reagenzglas hinein gegeben. Wenn man den Ultraschall startet sollten möglichst Kopfhörer getragen werden da die sehr hochfrequenten Schwingungen Schäden am Trommelfell verursachen können und außerdem unangenehm sind und die Konzentration stören. Den Zylinder bringt man jetzt in Kontakt mit der

Wasseroberfläche wodurch verkittete Bestandteile gelöst und Schmutzpartikel zerstört werden. Durch den stetigen Wasserstrom der durch Zu- und Ablauf entsteht wird das zerkleinerte Material abgeführt und über den Ablauf entfernt. Bei Bedarf kann das Mikronetz auch zusätzlich mit der Spritzflasche durchgespült werden um den Effekt zu verstärken. Ist die Behandlungszeit vorüber oder die Probe ausreichend gereinigt entfernt man das Netz vom Zylinder und spült das übrige Material in kleine Probengläser. Dabei muss mit dem Wasser sehr vorsichtig umgegangen werden da die Probengläschen nur sehr kleine Volumina haben und sehr schnell überlaufen. Sind auf diese Weise alle Proben gereinigt und überführt verschließt man die Gläschen mit Laborfilm oder Alufolie um Verunreinigungen zu vermeiden, und lässt sie einige Stunden (z.B. über Nacht) stehen.

3.2.2.7. Konservierung

Wenn das Material vollständig im Behältnis sedimentiert ist wird das Wasser mit einer Pipette abgesaugt. Dabei wird für jede Probe eine eigene Einweg-Pipettenspitze verwendet da es passieren kann dass man etwas Material mit einsaugt und die Gefahr der Verunreinigung der anderen Proben gegeben wäre. Danach gibt man einen Tropfen Glycerin auf die Probe um sie so zu versiegeln und verschließt sie mit einem Korken. Das Glycerin verhindert den Zutritt von Sauerstoff und Feuchtigkeit und konserviert die Probe so für lange Zeit gegen Zersetzungsprozesse. Das restliche Wasser welches sich unter Umständen nach dem absaugen noch in der Probe befindet verdunstet relativ schnell durch das Glycerin und den Korken hindurch so dass die Probe dann wasserfrei und geschützt ist. Nun werden die Proben nur noch beschriftet und in einem Kühlschrank aufbewahrt. Sie sind nun fertig für die Analyse unter dem Mikroskop.

3.2.3. Pollenanalyse

3.2.3.1. Bestimmungsmerkmale von Pollenkörnern

Bevor etwas genauer auf die verwendete Technik bei der Auszählung der Pollenkörner und Holzkohlepartikel eingegangen werden soll möchte ich eine kurze Beschreibung des Aufbaus und der wesentlichen Bestimmungsmerkmale von Pollenkörnern geben.

Pollenkörner lassen sich in einen inneren Teil und eine äußere Zellwand gliedern. Das Cytoplasma im Zentrum stellt den lebenden und für die Reproduktion wichtigen Teil des Pollenkorns dar. Bei der Fossilisation geht dieser Teil des Korns zugrunde und ist unter dem Mikroskop nicht sichtbar. Die Hülle ist in zwei Schichten aufgeteilt. Die innere Intine trennt das Cytoplasma von der äußeren Exine (Abb.13). Die Intine besteht überwiegend aus Zellulose und Pektin und kann die Fossilisation unter Umständen unbeschadet überstehen. Sie ist allerdings nicht acetolyseresistent und ist deshalb nach der gängigen Aufbereitungsprozedur zerstört und nicht mehr erkennbar. Die Exine allerdings besteht aus einem chemisch sehr widerstandsfähigen Material, dem Sporopollenin, ein hochpolymerisierter Stoff welcher zu 65% aus Kohlenstoff, zu 8% aus Wasserstoff und zu 27% aus Sauerstoff besteht. Schwankungen in der Widerstandsfähigkeit des Sporopollenins ergeben sich aus seinem Verhältnis zur Zellulose (KLAUS 1987). Selbst stärkste Säuren können die Exine von Pollenkörnern nicht angreifen. Das Sporopollenin macht die Erhaltung der Körner über mehrere Millionen Jahre und die Bestimmung unter dem Mikroskop erst möglich.

Die Exine zeigt auch die äußerlichen Merkmale anhand derer ein Pollenkorn einer Familie, Gattung oder sogar Art zugeordnet werden kann. Beim Bau der Exine unterscheidet man zwischen Strukturmerkmalen und Skulpturmerkmalen. Die Struktur besteht aus der innersten Schicht der Exine, der sog. Nexine oder auch Endexine, und der nach außen hin folgenden Sexine oder Ektexine. Sie bildet mit einem auf der Fußschicht (Pedium) aufgebauten Kammersystem die Strukturmerkmale des Pollenkorns. Das Kammersystem besteht aus säulenförmigen Columellae oder zu Wänden verbundenen Muri. Verdicken sich die Columellae an ihren Enden und wachsen zusammen entsteht eine neue Deckschicht, das sog. Tectum (Abb.13). Exinen die ein Tectum aufweisen werden al tectat bezeichnet, solche ohne Tectum als intectat. In diesem Fall besteht die Möglichkeit dass seitlich aneinander wachsende Columellae ein Netz bilden, das sog. Reticulum. Die Struktur einer solchen Exine wird dann als reticulat bezeichnet. Ein vorhandenes Tectum welches nicht durchgehend geschlossen ist sondern stellenweise von Lücken durchbrochen wird bezeichnet man als Tectum perforatum, ein vollständig geschlossenes Tectum dementsprechend Tectum imperforatum.

Abb. 13: Wandbau der Exine eines Pollenkorns – NE=Nexine ; SE=Sexine ;
CO=Collumellae; PED=Pedium; ; TE=Tectum ; SP= Skulpturelemente ;
PE=Perforationen ; FO=Fovae

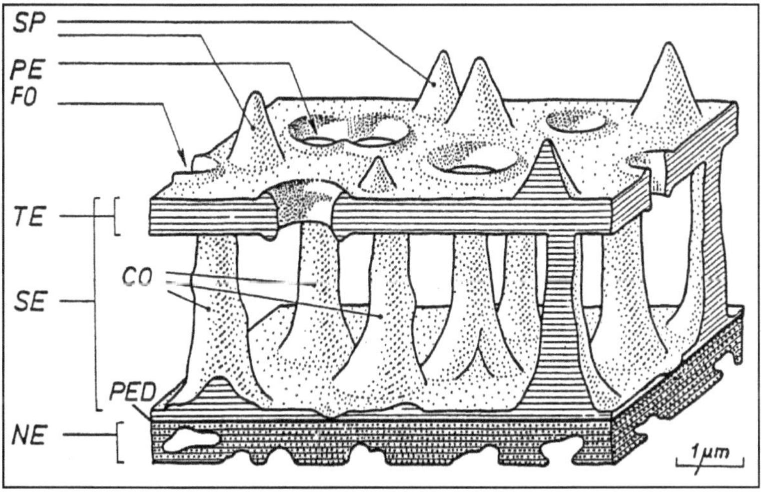

Quelle: KLAUS 1987

Neben den Strukturelementen sind auch die Skulpturelemente bei der Bestimmung der Pollentypen sehr wichtig. Dies sind auf dem Tectum sitzende Fortsätze die verschiedene Formen und Größen annehmen können. Einen Überblick über die gängigen Skulpturformen gibt Abbildung 14 in Seitenansicht und Aufsicht. (PUNT et.al 2007).

Abb.14: Verschiedene Skulpturelementtypen von Pollenkörnern

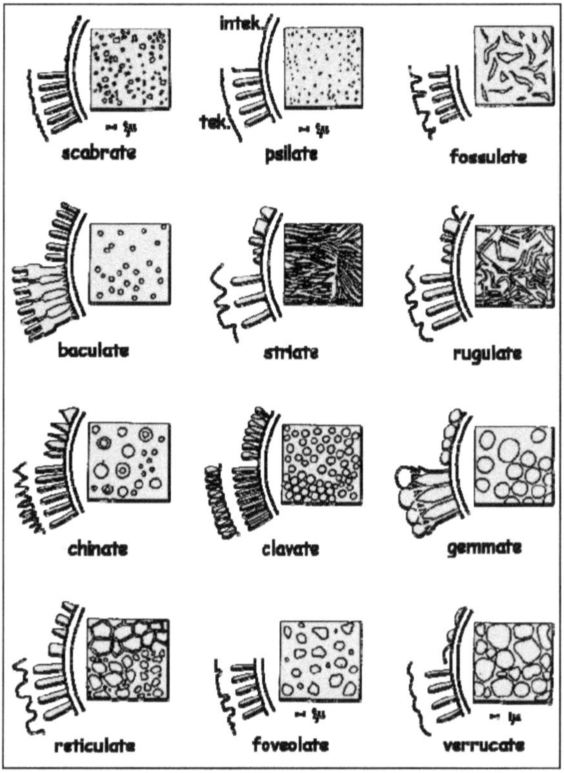

Quelle: PUNT et. al. 2007

Neben den Eigenschaften der Exine ist auch die Form des gesamten Pollenkorns ein wichtiges und oft schnell bestimmbares Merkmal, jedoch muss die Polarität des Pollenkorns bekannt sein. Die Polarität ergibt sich aus dem Wachstum eines Pollenkorns durch Zellteilung in Form einer Tetrade aus der Sporenmutterzelle. Nach der Teilung in vier Tochterzellen stehen diese in Form eines Tetraeders zueinander wobei die Zellen die Eckpunkte bilden. Die Achse die vom Mittelpunkt des Tetraeders ausgehend durch eine der Zellen verläuft ist die Polachse des späteren Pollenkorns. Senkrecht dazu und durch den Mittelpunkt verlaufend erstreckt sich die Äquatorialachse des Pollenkorns (KLAUS 1987). Die Pollenform ergibt sich jetzt relativ einfach durch das Verhältnis von Polachse zu Äquatorachse. Ist die Polachse länger als der Äquatordurchmesser bezeichnet man es als prolat, bei genau umgekehrtem Verhältnis als oblat. Pollenkörner deren Pol- und Äquatorachse in etwa gleich lang sind werden als sphäroidisch angesprochen (Abb.14).

Abb.14: links: Konstruktion von Pol- und Äquatorachse
rechts: Konstruktion der Pollenform

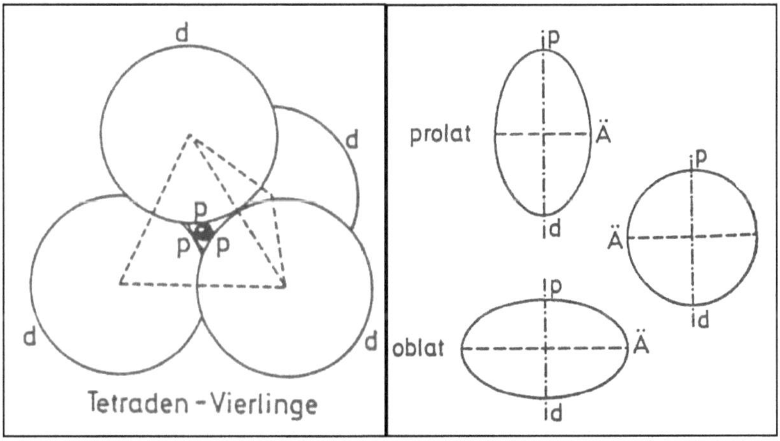

Quelle: KLAUS 1987

Zur schnellen Einordnung der Form hat BEUG (2004) in seinem Leitfaden der Pollenbestimmung den sog. Pollenform-Index (PFormI) als Verhältnis der Länge der Polachse zum größten Quermaß eines Pollenkorns verwendet. Es gelten folgende Abstufungen:

PFormI > 2	**perprolate PK (stark prolat)**
PFormI 2,0 – 1,33	**prolate PK**
PFormI 1,33 – 0,75	**sphäroidische PK**
PFormI 0,75 – 0,5	**oblate PK**
PFormI < 0,5	**peroblate PK (stark oblat)**

Bei der Bestimmung von Pollenkörnern unter dem Lichtmikroskop erweist sich diese grobe Einteilung mit etwas Erfahrung als sehr praktisch da die Pollenform relativ schnell mit bloßem Auge eingeordnet werden kann.

Die dritte Gruppe wichtiger Bestimmungsmerkmale sind die Keimöffnungen oder auch Aperturen der Pollenkörner. Sie variieren in Anzahl und Form und bilden zusammen mit den Skulpturmerkmalen der Exine das gängige Einteilungsschema der meisten Bestimmungsschlüssel. Eine längliche Apertur die parallel zur Polachse verläuft wird als Colpus (Mz. Colpi) bezeichnet, ist die Öffnung rund spricht man von einem Porus (Mz. Pori). Die Kombination aus beiden Aperturentypen bildet einen Colporus (Mz. Colpori). Pollenkörner die eine bestimmte Form der Apertur aufweisen werden dementsprechend als colpat, porat bzw. colporat angesprochen. Mit den genannten Kriterien kann eine grobe Gliederung in morphologische Gruppen erfolgen indem man die Zahl und Art der Aperturen mit der Oberflächenstruktur der Exine kombiniert. Beispielsweise wird ein Pollenkorn mit drei Colpi und auf dem Tectum aufsitzenden Striae als „Tricolpat striat" bezeichnet (Abb.15).

Abb. 15: REM-Aufnahme eines tricolpat striaten Pollenkorns (*Acer campestre*)

Quelle: www.botany.unibe.ch

3.2.3.2. Lichtmikroskopische Auszählung

Gezählt wurden die Proben mit einem Durchlichtmikroskop bei 400facher Vergrößerung mit 10X-Okularen und einem 40X Objektiv. In manchen Fällen wurden für Zwecke der genaueren Bestimmung 20X-Okulare verwendet um eine 800fache Vergrößerung zu bekommen. Ausgezählt wurde damit jedoch nicht. Der Zählvorgang erfolgte in horizontalen Bahnen mit jeweils einem Bild abstand voneinander um die Gefahr zu verringern dass Objekte doppelt gezählt werden. Notiert wurden die Ergebnisse von Hand auf einem selbst zusammengestellten vierseitigen Zählbogen (siehe Anhang). Es wurde hauptsächlich mit den Bestimmungsschlüsseln von BEUG (2004) und von FAEGRI und IVERSEN (1989) gearbeitet. Der zweitgenannte ist weniger umfassend, führt aber in vielen Fällen sehr schnell zu einem zufriedenstellenden Ergebnis. In schwierigen Fällen jedoch lassen die sehr viel umfangreicheren Schlüssel von BEUG (2004) eine genauere Klassifizierung zu und bieten zusätzlich Bildmaterial zum direkten Vergleich mit der Probe unter dem Mikroskop. Als weitere Bildschlüssel wurden die Werke von REILLE (1992) sowie der Bildteil aus MOORE et. al. (1994) herangezogen. Direkte Vergleichsmöglichkeiten anhand von zum Teil rezentem Material bot die von Herrn Prof. Dr. Friedmann zur Verfügung gestellte Vergleichssammlung.
Es wurden die Proben bis 1000 terrestrische bzw. 600 Baumpollen ausgezählt. Zusätzlich wurden Partikel von Holzkohle mit erfasst und ausgemessen. Zur Methodik und zum Nutzen der mikroskopischen Holzkohleanalyse wird im folgenden Kapitel genauer eingegangen.

3.2.4. Holzkohleanalyse

Bei der Auszählung der Pollenkörner werden gleichzeitig auch Holzkohlestücke mit erfasst. Die Zählung konzentriert sich dabei auf Stücke die schwarz, vollkommen opak und deutlich scharfkantig sind (TINNER 2003). Dies hat den Grund dass verkohlte Krautpflanzenreste wie etwa von Grasern nicht in die Zählung mit einfließen (Abb.16). Die Stücke werden in zwei Größenklassen eingeteilt, nämlich <37µm und >37µm. Daraus lassen sich Aussagen über die Entfernung des Brandherdes zur Fundstelle ableiten. Überwiegen kleine Teilchen kann der Brand regional auch in größerer Entfernung stattgefunden haben und die Holzkohle mit dem Wind antransportiert und abgelagert worden sein. Hohe Anteile an Teilchen über dem Richtwert lassen jedoch darauf schließen dass es in unmittelbarerer Nähe zum Untersuchungsgebiet gebrannt haben muss.

Abb.16: Holzkohlestück bei 400X Vergrößerung

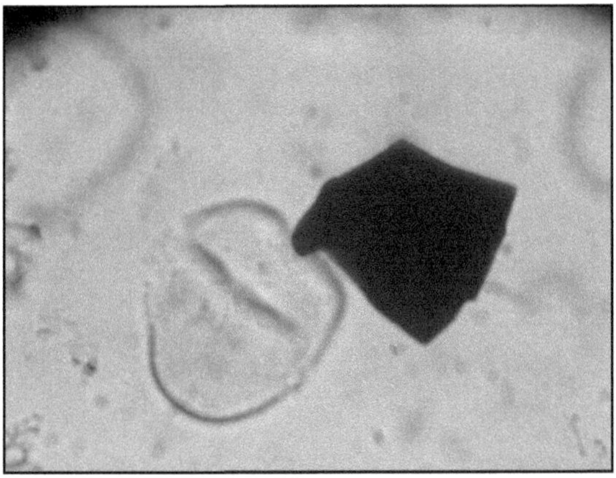

Foto: M. Jüttner

Mit der Problematik des unterschiedlichen Holzkohletransports je nach herrschenden Umweltbedingungen während des Brandereignisses haben sich PATTERSON et.al. (1987) beschäftigt. Beschränkt auf anemochore Holzkohleverbreitung haben sie Modelle aufgestellt die ähnlich Verbreitungsmodellen von Pollenkörnern oder Lockersedimenten sind. In Abbildung 17a und 17b wird ein theoretisches Verbreitungsmuster für Holzkohle dreier verschiedener Größenklassen ausgehend von einem Brandherd dargestellt. Es folgt den grundlegenden Annahmen die bei diesen Modellen gemacht werden müssen nämlich dass bei einem Brandereignis erstens immer gleiche Mengen von Holzkohlepartikeln jeder Größenklasse produziert werden, und dass zweitens mit zunehmender Distanz vom Brandherd die Zahl und Größe der Holzkohlepartikel gleichmäßig abnimmt (distance-decay principle). So findet man also im Zentrum Partikel aller Größenklassen, weiter außen fehlen bereits die großen Teile und in den Randbereichen sind nur noch kleine Holzkohlepartikel vertreten. Modifiziert wird dieses Bild nun durch äußere Einflüsse wie beispielsweise Wind (Abb.17c), oder auch zusätzliche Brandherde deren Einflussbereiche sich überlappen (Abb.17d). In beiden Fällen verschieben sich die Verteilungskurven deutlich und es werden entweder

Gebiete überhaupt nicht beeinflusst obwohl unter normalen Umständen dort Holzkohle gefunden werden müsste (Bohrstelle 1 in Abb.17c) oder manche Bereiche sind bezüglich der gefundenen Holzkohle völlig überrepräsentiert (Bohrstelle 2 in Abb.17d). Dazu kommen noch Störfaktoren die in diesem oder ähnlichen Modellen nicht berücksichtigt werden können. Einmal entstehen bei Feuer Konvektionsströmungen der heißen Luft welche die Holzkohle zusätzlich einer vertikalen Verlagerung nach Oben aussetzen. Außerdem führt Rußbildung bei Bränden oft zu Niederschlägen die dann dazu führen dass Holzkohle schneller aus der Luft ausgewaschen wird.

Abb.17: Modell zur Windverbreitung von Holzkohle nach PATTERSON et. al.

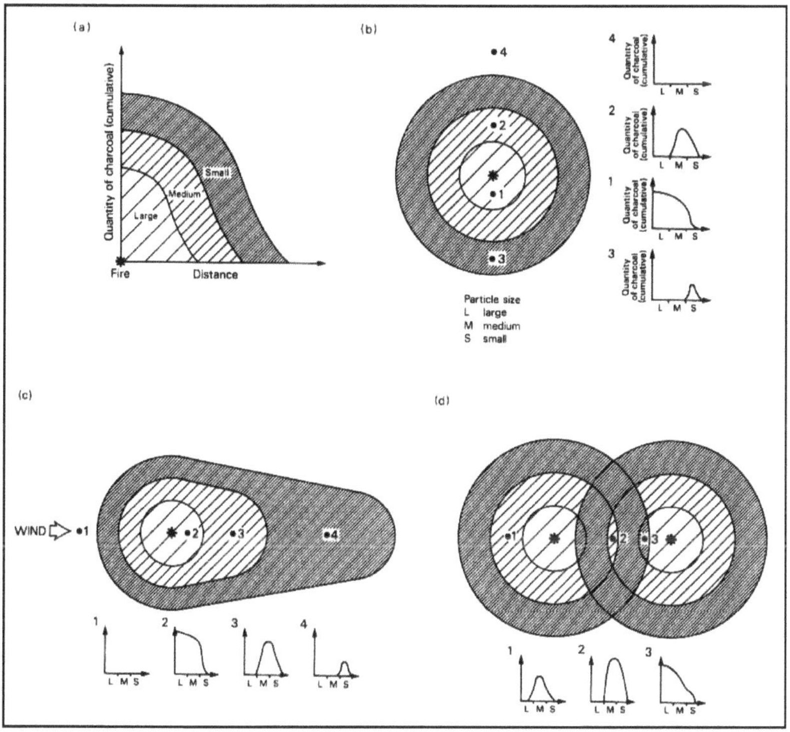

Quelle: PATTERSON et. al. 1987

In Bezug auf Wasser als Transportmedium ergeben sich dann auch schon die nächsten Probleme bei der sicheren Rekonstruktion des Herkunftsgebietes der erbohrten Holzkohleproben. Wie erwähnt kann Regen dazu führen dass Material früher zur

Ablagerung kommt als es bei bloßem Windtransport der Fall wäre, die Konzentration wäre also nahe dem Brandherd höher. Je nach Relief und Stärke des Regenereignisses kann aber auch der oberflächliche Abfluss variieren und die Holzkohle wird unter Umständen über weite Strecken aus dem Produktionsgebiet heraus transportiert. In diesem Fall wird sie nahe des Brandherdes abgereichert und in Gebieten abgelagert die später nicht mehr mit der Brandstelle in Verbindung gebracht werden können.

4. Ergebnisse

4.1 Sedimentbeschreibung

Das Halslkopfmoor entstand als Verlandungsmoor auf kalkreichem Moränenmaterial. Durch äolische Einträge und Flächeneinspülungen der angrenzenden Hänge bildete sich eine schluffig-tonige Kalkmudde am Grunde des Stillgewässers (calcareous lake marl: 486 - >500cm). Darüber entstand durch steigenden Einfluss der Gewässervegetation aus Seggen, Moosen und Bruchwald zunächst eine Übergangsmudde mit noch geringen Gehalten an Großresten und hohen Tongehalten (clayey Gyttja: 471 – 485cm) und darüber eine an Großresten reiche Torfmudde (Gyttja: 451 – 470cm). Die folgenden 44cm aus Seggentorf (sedge peat H5: 406 – 450cm) sind im unteren Bereich stärker zersetzt als an der Obergrenze. Der Seggenanteil nimmt nach oben hin ab und Reste von *Sphagnum* nehmen zu was auf eine beginnende Hochmoorbildung hindeutet. Der darauf folgende Bleichmoostorf mit hohen Anteilen von Sphagnum ist kaum zersetzt (moss peat H2: 325 – 405cm). Die geringe Zersetzung ist ein Zeichen dafür dass der Torf nach seiner Bildung unter stark anaeroben Verhältnissen gelagert wurde und somit ein sehr gut erhaltener Moorkörper zu erwarten ist. Durch Aufwachsen des Moorkörpers über den Grundwassereinfluss oder durch Absenken des Grundwasserspiegels werden die Bedingungen am Standort trockener was die Gehölzvegetation fördert und durch Luftzutritt in den Boden zu mäßig bis stark zersetzten Torfen führt (woody sedge peat H6: 301 – 324cm). Holzreste von *Alnus* deuten darauf hin dass sich in dieser Phase der Moorbildung ein Erlenbruchwald auf trockenen Bereichen des Hochmoores ausgebildet hat, eventuell durch Besiedelung von trockenen Bulten in einem Bulten-Schlenken-Komplex der Hochmoorweite. Die Funde von Kiefernnadeln und Nadelbaumsamen stammen wahrscheinlich von den Randbereichen des Moores wo feuchtere Verhältnisse unter steigendem Grundwassereinfluss herrschten und sich ein Föhren-Moorwald Ausbilden konnte.

Dem Bruchwaldtorf auflagernd folgt bis 5cm unter GOF eine mächtige Lage aus mehr oder weniger moosreichem Seggentorf. Außerdem unterscheiden sich die Horizonte durch ihren Humifizierungsgrad voneinander. Während im unteren Bereich noch mäßig zersetzter Seggen-Moostorf vorherrscht (sedge moss peat H4: 246 – 300cm und sedge moss peat H5: 195 – 245cm) nehmen nach oben hin die Moose ab und es folgt eine Phase mit Bildung von mäßig zersetztem Seggentorf (sedge peat H5: 121 – 194cm). Die feuchteren Verhältnisse die zu dieser Entwicklung des Moorkörpers geführt haben ließen die Gehölze zurückgehen und wahrscheinlich zunächst Großseggenriede entstehen. Bis zu einer Abschließenden Lage aus unzersetztem *Polytrichum strictum*-Torf findet man wieder Seggen-Moostorf mit Laubmoosen und Gehölzresten wie es schon bei 195 – 300cm der Fall war, jedoch standen diese Torfe unter stärkerem Wassereinfluss und konnten nur sehr gering zersetzt werden (sedge moss peat H3: 51 – 120cm und sedge moss peat H2: 6 – 50cm). Das Halslkopfmoor ist heute ein sauer-mesotrophes Hochmoor mit Bulten aus *Polytrichum strictum* und teilweise offenen Moorwasserflächen. In Randbereichen ist ein relativ dichter für das Randgehänge von montanen Hochmooren typischer Fichten-Moorwald ausgebildet (Abb.18).

Obwohl das Halslkopfmoor durch weidende Tiere starken Beschädigungen und dadurch ausgelösten Wasserverlusten ausgesetzt war ist der gesamte Torfkörper gut erhalten und selbst nahe der Oberfläche sind kaum Materialverluste durch Vererdung und Sackung des Moorkörpers zu erkennen. Durch Aufstauen des Moorwasserspiegels an den zerstörten Stellen wird dafür gesorgt dass der größtenteils natürliche Charakter dieses Hochmoores weiterhin erhalten werden kann.

Abb.18: Stratigraphie des Halslkopfmoores

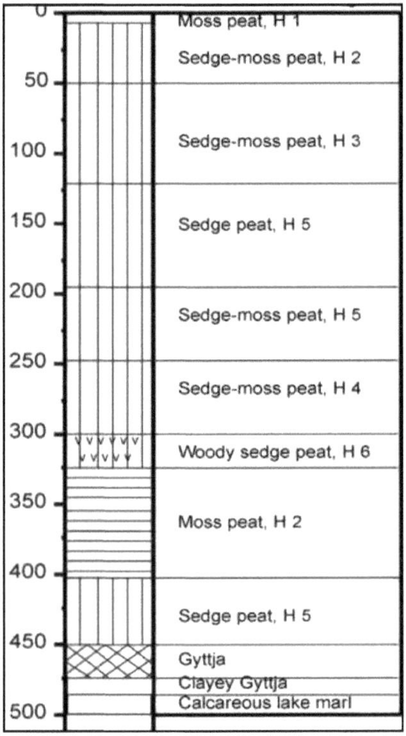

Quelle: SASS et. al. 2010

4.2 Besiedelungsgeschichte

Im Nordtiroler Raum konnten bereits für die frühe Bronzezeit Nachweise für die bayerische Straubinger Kultur gefunden werden und damit die Existenz von Dauersiedlungen belegt werden. Verbreitet waren sie auf Mittlegebirgsterrassen, im Innsbrucker Raum und im Landecker Becken (WAHLMÜLLER 1985). Die frühe Besiedelung ist sicherlich mit den Kupfervorkommen im Kitzbühler Raum zu erklären deren Abbau bereits um 1800 v. Chr. begonnen hat. (OEGGL 1988). In der späten Bronzezeit wurde der Kupferabbau intensiviert und es können anhand der Siedlungstätigkeit zwei Phasen der Urnenfelderkultur unterschieden werden. Die Zeit von 1300 bis 1000 v. Chr. bezeichnet man als Hallstatt A, von 1000 bis 800 v. Chr. spricht man im Tiroler Raum von Hallstatt B. Unterschieden wurden diese beiden

Phasen anhand der Gräberfunde die von Hallstatt A nach Hallstatt B abnehmen, man vermutet also demnach auch geringere Besiedelungsdichten im zweiten Abschnitt (WAHLMÜLLER 1985). Die eigentliche Hallstattkultur liegt im Übergangsbereich von der Bronzezeit zur vorrömischen Eisenzeit im Zeitraum von ca. 800 bis 500 v. Chr. und wurde in Tirol beispielsweise durch die Siedlung Grattenberg bei Wörgl belegt. Die letzten 500 Jahre bis Christi Geburt, die Latène-Zeit, war durch Einwanderungen fremder Völker geprägt. Etwa 400 v. Chr. zogen Keltenstämme von Westen durch den Tiroler Raum, hinterließen jedoch hier kaum Anzeichen. Anhand von Zerstörungsschichten die bei Archäologischen Ausgrabungen im Pustertal freigelegt werden konnten kann man die Eingriffe des germanischen Volksstammes der Kimbern rekonstruieren die um 113 v. Chr. über den Brennerpass ins Tiroler Land einfielen. Der Feldzug des Drusus, einer der Stiefsöhne Kaiser Augustus, führte etwa 15 v. Chr. durch Tirol über den Brenner nach Bayern und brachte erstmals römischen Einfluss in das untersuchte Gebiet (RADT 2003). Damit sind die vorgeschichtlichen Entwicklungen in Tirol abgeschlossen und es brach die Römische Kaiserzeit an. Die Römer nutzten Tirol als Durchzugsgebiet ins bayerische Alpenvorland. Hauptrouten waren der Fernpass, die Scharnitzer Klause und das Inntal (WAHLMÜLLER 1985). In der Völkerwanderungszeit wanderten im 7. Jhd. n. Chr. die Bayuwaren nach Tirol ein, errichteten Siedlungen und schlugen bis ca. 1000 n. Chr. ausgedehnte Waldflächen um sie für den Ackerbau nutzbar zu machen. Nach einer Phase geringerer Eingriffe in die Waldentwicklung folgten im Hoch- bis Spätmittelalter wieder starke Rodungsphasen. In der Neuzeit wurden erstmals Schutzmaßnahmen zur Erhaltung der Wälder getroffen und es entstanden Kulturwälder die das Landschaftsbild nachhaltig bis in die heutige Zeit prägen.

4.3 Beschreibung der lokalen Pollenzonen (LPZ)

Wie bereits eingangs erwähnt wurde der untere Teil von der Basis des Bohrkerns bis zu einer Tiefe von 245cm von S. Böhm durch eine Finanzierung aus dem Brandhang-Projekt bearbeitet. Die Vegetationsentwicklung bis kurz vor Ende des Atlantikums kann dort genauer nachgelesen werden. Die vorliegende Arbeit umfasst die Chronozonen des späten Atlantikums, des Subboreals und des Subatlantikums innerhalb derer fünf lokale Pollenzonen unterschieden wurden (Pollendiagramm siehe Anhang).

LPZ I: Abies-Picea-Fagus-Abschnitt (Ab-Pic-Fag)

Vorkommen: 241cm – 221cm

Vegetation: Es dominieren *Abies* und *Picea, Fagus* und *Pinus* sind unter 10% vertreten. Die Buche hat gegen Ende dieses Abschnitts ihre minimalste Verbreitung mit nur 3,4% bei 225cm Tiefe. Der EMW bewegt sich im Wertebereich von 5% wobei *Fraxinus* und *Acer* überhaupt nicht vertreten sind, der Eichenmischwald setzt sich also aus dominantem *Quercus, Tilia* und etwas schwächer auch *Ulmus* zusammen. *Corylus* verzeichnet einen gleichmäßigen Rückgang.

Bei den NBP sind von Anfang an relativ hohe Poaceenwerte auffällig mit bereits 4,5% an der Basis des Profils. Die Kurve steigt im Laufe der LPZ I noch weiter an. Auch bereits von Beginn an vorhanden sind *Artemisia* und *Ranunculus*, sehr schwach verbreitet auch *Geum*-Typ, *Rumex* und *Urtica*.

Obergrenze: Ende des Abiesmaximums; Minimalwerte bei Fagus

LPZ II: Picea-Abies-Fagus-Abschnitt (Pic-Ab-Fag)

Vorkommen: 221cm – 161cm

Vegetation: Bei den Baumpollen ist in dieser Phase *Picea* die deutlich dominante Art mit durchgehend Werten von über 30% und ihrem absoluten Maximum von knapp 51% bei 201cm unter GOF. Die Kurve von *Abies* fällt zu Beginn des Profils stark ab, von über 20% auf 9% in einer Tiefe von 217cm, erreicht aber bei 189cm noch einmal über 20% bevor sie dann zur Obergrenze hin stetig abnimmt. Ab Beginn der Pollenzone sind deutlich ansteigende Buchenwerte zu erkennen der sich bis in höhere Bereiche des Profils hinzieht. In dieser Pollenzone ist die Buche der Tanne jedoch noch unterlegen. Die Kurve der Erle entwickelt sich ähnlich wie die der Buche wobei *Alnus* zunächst höhere Werte einnimmt was sich aber zur Obergrenze angleicht. *Pinus* zeigt einen gleichmäßigen Verlauf mit schwankenden Werten zwischen 4% und 9%. *Betula* ist ebenfalls ohne große Veränderungen jedoch mit insgesamt niedrigeren Werten als die Kiefer (2%-5%). Bei den EMW-Arten sind nur *Ulmus* und

Tilia stärker vertreten, *Quercus* hat bei 201cm seinen absoluten Minimalwert. *Corylus* ist in diesem Abschnitt durchgehend noch relativ stark vertreten und erreicht oftmals nahezu den Maximalwert.

Bei den Nichtbaumpollen sind zu Beginn steigende Poaceenwerte zu erkennen die dann zum oberen Teil hin auf Minimalwerte abfallen (0,83% bei 173cm). Durchgehend vertreten sind neben den Süßgräsern nur die Kurven von *Ranunculus* und den Ericaceen.

Obergrenze: Ende der Fichtendominanz; Anstieg von *Abies* und *Fagus*; Anstieg der Poaceen

LPZ III: Fagus-Abies-Picea-Abschnitt (Fag-Ab-Pic)

Vorkommen: 161cm – 81cm

Vegetation: Bei den Baumpollen kommt es zu Beginn zu einem schlagartigen Einbruch der Fichte um über zwanzig Prozent während die Werte von *Abies* und *Fagus* zunehmen. Ihre Kurven verlaufen zunächst ähnlich wobei abwechselnd einmal die Tanne und einmal die Buche höhere Werte annehmen. Ab einer Tiefe von 101cm entwickeln sie sich jedoch zugunsten von *Fagus* auseinander. *Abies* erreicht bei 85cm niedrigste Werte von 7% während *Fagus* kurz darauf mit knapp 27% seine größte Verbreitung hat. Es fällt auf dass in der Mitte der Pollenzone *Picea* noch einmal einen hohen Ausschlag von 40% zeigt der sich etwas später auch bei *Abies* erkennen lässt. Ähnlich verhält es sich mit dem erwähnten *Abies*-Rückgang am Ende von LPZ III dem kurz zuvor ein Rückgang von *Picea* auf unter 20% vorrausgegangen war (97cm). *Pinus, Betula* und *Alnus* erreichen teilweise deutlich höhere Werte als im vorigen Abschnitt, *Betula* und *Alnus* haben hier auch ihre Maximalwerte. Beim EMW kann eine Veränderung in der Artenzusammensetzung festgestellt werden. Während *Tilia* allmählich fast ganz verschwindet sind nun *Fraxinus* und *Acer* deutlicher vertreten. Neben *Quercus* ist jetzt *Ulmus* die dominante Art. In einer Tiefe von 125cm beginnt *Carpinus* eine durchgehende Kurve zu bilden und steigt nach oben hin stetig an.

Bei den Nichtbaumpollen tritt mit Beginn des Abschnitts *Plantago lanceolata* als neue Art hinzu. *Poaceen, Cyperaceen, Artemisia* sowie

Ranunculus zeigen insgesamt höhere Verbreitung als im vorigen Abschnitt. Im mittleren Bereich tritt zudem *Urtica* stärker in Erscheinung, sowie gegen Ende auch *Rumex*.

Obergrenze: *Fagus*-Maximum

LPZ IV : Picea-Fagus-Abschnitt (Pic-Fag)

Vorkommen: 81cm – 33cm

Vegetation: *Picea* erlangt wieder Dominanz bei den Baumpollen mit streckenweise Werten über 30%. *Fagus* geht nach seinem Maximum wieder deutlich zurück. Zu Beginn dieses Abschnitts bei 77cm Tiefe erreicht *Abies* kurz nach dem Buchenmaximum nun sein absolutes Maximum von 23,5%, sinkt danach aber stetig ab und erreicht zum Ende nur noch Zahlen um die 10%. *Pinus* geht insgesamt zunächst zurück bis der absolute Minimalwert von 3% bei 53cm erreicht ist um dann im oberen Bereich mit einem starken Anstieg eine *Pinus* reiche Phase einzuläuten. An der Obergrenze der Pollenzone III ist der Punkt erreicht an dem die Werte von *Pinus* dauerhaft höher sind als jene von *Fagus*. *Betula* und *Quercus* erreichen nur niedrigere Werte als in LPZ III, bei den weiteren EMW-Arten sind nun *Ulmus, Fraxinus* und *Acer* relativ gleich stark vertreten wohingegen *Tilia* wieder an Bedeutung verliert. *Carpinus* ist stärker vertreten, sinkt gegen Ende jedoch wieder etwas ab. Die *Corylus* – Kurve schwankt um den Wert 1%. Bei *Poaceen, Cyperaceen, Ericaceen* und *Plantago lanceolata* sind die Verläufe zunächst kaum verändert, zum oberen Abschnitt hin wird aber durch starken Anstieg der menschliche Einfluss deutlicher. *Urtica* erreicht in diesem Abschnitt Maximalwerte. *Asteraceen* und *Chenopodiaceen* sind ab nun durchgehend vertreten. Bei 33cm treten mit *Cerealia* das erste mal Kulturzeiger in Erscheinung.

Obergrenze: Dominanzwechsel zwischen *Pinus* und *Fagus*; starker NBP-Ansatieg; erste *Cerealia*

LPZ V : NBP-reicher Picea und Pinus-Abschnitt (Pic-Pin-NBP)

Vorkommen: 33cm – 0cm

Vegetation: *Picea* und *Pinus* sind die dominanten Baumarten. *Abies* geht bis auf Minimalwerte zurück (1,7% bei 9cm). *Fagus* geht stark zurück und hat nur noch bei 21cm Tiefe einen höheren Wert als *Pinus*. *Alnus* und *Betula* sind insgesamt geringer verbreitet als im Rest des Profils. Bei den EMW-Arten ist *Tilia* nach wie vor sehr schwach vertreten und auch *Ulmus* ist kaum noch festzustellen. Dafür haben *Fraxinus* und *Acer* an Bedeutung gewonnen und erreichen in diesem Abschnitt höchste Werte. Durch einen Einbruch von *Quercus* in den obersten Zentimetern auf unter 1% geht der EMW insgesamt stark zurück.

Bei den Nichtbaumpollen findet man Maximalwerte bei den *Poaceen, Cyperaceen, Chenopodiaceen, Asteraceen* sowie *Plantago lanceolata*. Auch *Geum*-Typ und *Ranunculus* sind nun stärker und flächenhafter vertreten. Bei den *Plantaginaceen* erreichen nun auch zum erstenmal Funde von *Plantago media/major*-Typ erkennbare Werte. *Urtica* hingegen ist etwas schwächer als in der vorangegangenen Pollenzone.

Obergrenze: GOF

4.4 Vegetationsentwicklung und Landnutzung

Zur zeitlichen Einteilung der Vegetationsentwicklung muss eingangs erwähnt werden dass bislang keine kalibrierten C14 Daten aus dem Halslkopfmoor vorliegen, die Zuordnung zu Chronozonen erfolgte deshalb nach rein pollenstratigraphischen Gesichtspunkten. Der hier beschriebene Zeitraum ist zudem geprägt von steigendem Einfluss menschlicher Tätigkeit. Aus diesem Grunde wurde das Diagramm neben der Einteilung in lokale Pollenzonen (LPZ – siehe 4.3) und die Chronozonen auch noch in Landnutzungsphasen (LNP) gegliedert. Die Erläuterung dazu erfolgt im Text sowie in der Übersicht in Tabelle1.

Tabelle 1: Gegenüberstellung der Chronozonen, LPZ und LNP

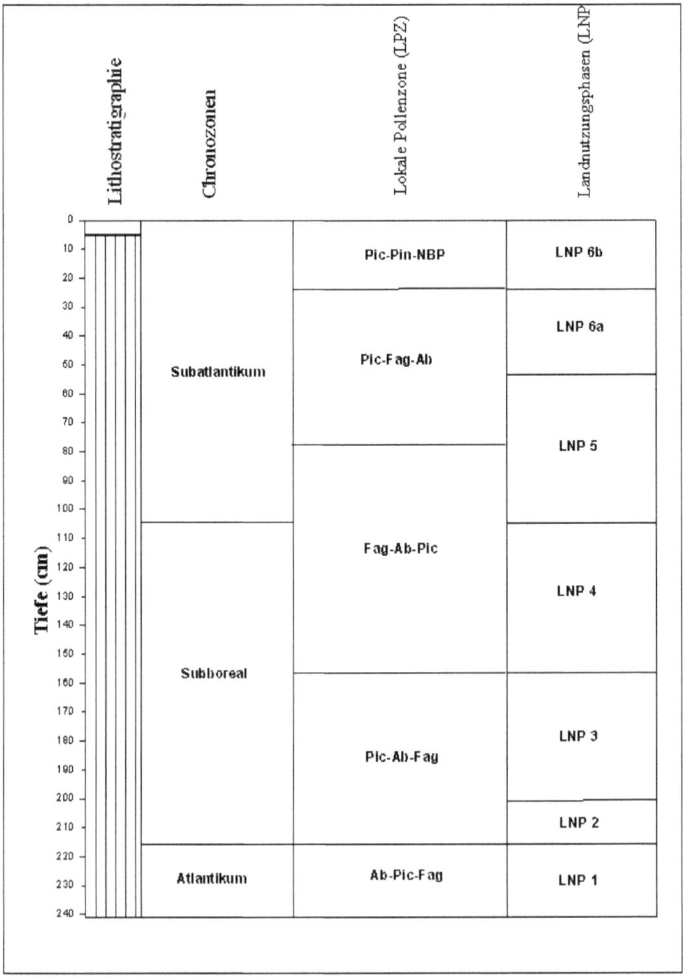

Quelle: eigene Abbildung – M. Jüttner

Die Vegetationszusammensetzung im untersten Teil des Diagramms entspricht der Klimaxvegetation die sich im laufe des Atlantikums im Diagramm von S. Böhm eingestellt hat (BÖHM – unveröffentlicht). Die Buche sowie die Tanne sind beide im Atlantikum eingewandert, die Tanne jedoch wegen der hohen Lage von 1371m ü. NN und dem ozeanischen Klima mit stärkerer Ausbreitung. Ebenfalls aufgrund der Lage des Untersuchungsgebietes ist die Dominanz von *Picea* nicht verwunderlich da sich das

Moor in der Vegetationshöhenstufe des montanen Fichtenwaldes befindet (MERZ 2008). Trotz geringerer Prozentwerte der Tanne kann davon ausgegangen werden dass *Abies* zu dieser Zeit sehr dichte Bestände gebildet haben muss da sie im Vergleich zur Fichte ein viel schlechterer Pollenproduzent ist. Werte zwischen 15% und 30% wie sie *Abies* hier aufweist sprechen daher für eine enorme Verbreitung. Diese ausgedehnten Tannen-Fichtenwälder enthalten noch relativ wenig *Fagus* und *Pinus* (LPZ I). Der Eichenmischwald ist hauptsächlich aus *Quercus* zusammengesetzt, *Ulmus* und *Tilia* sind vorhanden aber vergleichsweise gering und *Fraxinus* sowie *Acer* sind noch überhaupt nicht eingewandert. Der Grund dafür ist sicherlich nicht dass diese Baumarten im Atlantikum im Nordtiroler Raum noch nicht vorhanden waren sondern dass bei dieser Höhenlage der Eichenmischwald nicht als Bestand vor Ort zu erwarten ist. Die EMW-Arten sind durch Fernflug aus den Tallagen eingeweht worden und reagieren demnach auf die Bestandesdichte der natürlichen Baumarten. Gehen diese zurück treten die EMW-Pollentypen bei der Sedimentation mehr in den Vordergrund und stellen so einen Indikator für Auflichtung des natürlichen Bestandes dar.

Das Atlantikum im Gebiet des Halslkopfes kann generell als Phase ohne bedeutende menschliche Eingriffe angesehen werden. Im Diagramm von S. Böhm sind bis an die Obergrenze kaum Pollenkörner von Gräsern oder Kräutern aufgetreten, auch Siedlungs- und Kulturzeiger sind nicht vorhanden. Obwohl auch das Pollenspektrum des ausgehenden Atlantikums nicht für ausgeprägte Siedlungstätigkeit spricht sind im Vergleich zum älteren Atlantikum relativ hohe Werte der *Poaceen* festzustellen. Auch *Artemisia, Rumex, Urtica* und *Chenopodiaceen* sind vorhanden. Die unveränderten Werte der Baumpollen sprechen gegen Rodungstätigkeiten in unmittelbarer Umgebung zum Untersuchungsgebiet, jedoch könnte der Mensch bereits in Tallagen und im submontanen Raum für eine Auflichtung der Wälder gesorgt haben um dort Weidewirtschaft zu betreiben. Das Fehlen von *Cerealia* spricht gegen ackerbauliche Tätigkeiten in der Umgebung, jedoch könnten die Getreidepollen, falls vorhanden, durch sehr geringe Konzentrationen auch einfach im Gesamtpollenspektrum untergehen und deshalb nicht in Erscheinung treten.

Die Vermutung des anthropogenen Einflusses bestätigt sich beim Übergang zum Subboreal. Die Grenze ist hier bei der beginnenden Massenausbreitung der Buche zu ziehen die sich nun gegenüber der Tanne mehr und mehr durchzusetzen vermag. Dies liegt am etwas kühleren und kontinentaleren Klima des Subboreals. Dennoch kann man wegen ausgedehntem Hochmoorwachstum nicht von trockenen Verhältnissen sprechen (GÖTTLICH 1990). Auffälliger als der Anstieg von *Fagus* ist aber der starke Einbruch der Baumpollenkurve ausgelöst durch den Rückgang von *Picea* und vor allem *Abies*. In dieser Landnutzungsphase (LNP 2) kommt es zu kurzzeitigen Spitzenwerten der *Poaceen* und von *Artemisia*. Die Nutzung in tieferen Lagen hat sich hier wohl auf höhere Gebirgslagen ausgebreitet und findet nun in unmittelbarer Nähe zum Untersuchungsgebiet statt. Auf den freigelegten Flächen können nun Pioniergehölze folgen wie es die Kurve von *Alnus* vermuten lässt. Auch die EMW-Pollenkörner aus dem Tal kommen nun viel stärker zum Vorschein, dominierend immer noch *Quercus* aber mit Maximalwerten von *Tilia*. Nachdem die Nutzung offensichtlich abgenommen hat tritt Wiederbewaldung ein und die Baumpollenwerte steigen schnell wieder an, wodurch die NBP und auch der EMW wieder zurückgehen. Der natürlichen Waldentwicklung entsprechend stellen sich wieder dominante *Picea* Werte ein und auch die Tanne erholt sich zunächst. Durch die Ausbreitung der Buche ist bei *Abies* aber ein natürlicher Rückgang zu erkennen und die Bedeutung der Tanne im Bergmischwald geht nach und nach zurück, so dass man von einem Tannen- und Buchenreichen Fichtenwald sprechen kann (LPZ II). Bis zur Mitte des Subboreals, in etwa bis zum Beginn der Bronzezeit, ist aus dem Diagramm keine Nutzung zu ersehen. Die NBP-Kurven entwickeln sich zurück und die Gesamtkurve der Baumpollen zeigt keinerlei Veränderungen. Entweder war die Nutzung in dieser Höhenlage zu mühselig und deshalb unrentabel für den damals im Tal siedelnden Menschen oder es kam zu einer Abwanderungsphase aus dem Nordtiroler Raum und deshalb zu einer Unterbrechung der Waldnutzung. Eine weitere Möglichkeit könnte natürlichen Ursprungs sein. Durch ein Störungsereignis, beispielsweise eine Hangrutschung, könnten Teile des Waldes zerstört worden sein und so Flächen freigelegt worden sein die eine erhöhte Ablagerung der eingewehten Pollenkörner aus den genutzten Tallagen ermöglichte. Da in der Sedimentstratigraphie aber keine Störungen durch etwaige Ton- oder Sandeinschwemmungen festzustellen sind kann hier von menschlichem Handeln in der LNP 2 ausgegangen werden welches aus nicht genau bestimmbaren Gründen für längere Zeit eingestellt wurde (LNP 3). Ab dem mittleren Subboreal wird der anthropogene Einfluss nun deutlich spürbar. Die Vegetation wandelt sich hier von dem in der vorhergehenden Pollenzone verbreiteten Fichten-Tannen-Mischwald (LPZ II) zu einem immer noch von Fichten durchsetzten, aber von Buche und Tanne dominierten Laubmischwald (LPZ III). Trotz des starken Rückganges der Fichte schwankt die Baumpollenkurve nur geringfügig da der Anstieg von *Abies* und *Fagus* das Gesamtverhältnis der Baumpollen aufrecht erhalten. Auch *Alnus* und *Betula* als lichtliebende Pioniergehölze sind nun stärker vertreten. Im EMW dominiert nach wie vor *Quercus* aber die Gesamtzusammensetzung hat sich geändert. *Fraxinus* und *Acer*, die erst Anfang des Subatlantikums aufgekommen sind, nehmen zu. Bei *Ulmus* und *Tilia* hat sich die Verbreitung zu Gunsten von *Ulmus* verschoben, so dass nun Eiche und Ulme die dominanten EMW-Arten sind. Da wie erwähnt die EMW-Komponenten nur durch Fernflug aus tieferen Lagen zu erklären sind kann dieser Wechsel auch Unterschieden in der anemochoren Verbreitungstendenz der jeweiligen Arten zugeschrieben werden.

Zur gleichen Zeit wie der Wandel in der Waldzusammensetzung setzt auch eine neue Landnutzungsphase ein die in etwa mit dem Beginn der Bronzezeit korreliert werden kann (LNP 4). Die Gräser steigen von hier ab stetig an und auch *Artemisia, Ranunculus* und *Urtica* deuten auf Weidewirtschaft hin. Das erste mal tritt nun auch *Plantago lanceolata* im Pollenspektrum auf. Es muss also von stärkerer Besiedelung und Nutzung im Gebiet ausgegangen werden. Auch *Carpinus* zeigt ab hier eine durchgehende Kurve. Kulturzeiger sind noch keine vorhanden. Ackerbau wird also in unmittelbarer Nähe nicht betrieben. Überhaupt erscheint es so als ob Eingriffe in den Wald, abgesehen von Waldweidewirtschaft, nur sehr minimal vorgenommen wurden. Das Abnehmen der Fichte zu Beginn der LNP 4 mag ein Anzeichen dafür sein dass Holznutzung bereits betrieben wurde, die Auswirkungen auf die gesamte Gehölzvegetation sind aber noch nicht allzu deutlich spürbar. Interessant ist der kurze Einbruch des EMW Mitte dieser Landnutzungsphase auf den Spitzen von zunächst *Picea* und dann *Abies* folgen. *Ulmus* fällt an diesem Punkt sogar auf null. Dies könnte ein Anzeichen sein dass ein kurzzeitiger Nutzungswechsel stattgefunden hat bei dem keine oder kaum Waldrodung stattgefunden hat und sich *Picea* und *Abies* erholen konnten, während zur Futtergewinnung für das Vieh sehr stark in den EMW eingegriffen wurde. Auch dieser Umstand deutet darauf hin dass Weidewirtschaft der Rodungstätigkeit für den Ackerbau wohl überwogen haben muss.

Ab einer Tiefe von ca. 100cm wird das Vegetationsbild maßgeblich von menschlicher Tätigkeit geprägt, weshalb hier auch die Grenze zum Subatlantikum gezogen wurde. Vor allem die Verbreitung der Tanne zusammen mit der Buche wird durch Rodung stark beeinflusst und sowohl die Kurve von *Abies* wie auch von *Picea* erfahren deutliche Einbrüche. Die Buche entwickelt sich zu Beginn des Subatlantikums bis zu ihrem Maximum so dass sich der Tannen- und Fichtenreiche Buchenwald (LPZ III) noch hält. Die Gesamtverbreitung der Baumpollen nimmt aber von diesem Zeitpunkt an gleichmäßig ab. Ab ca. 81cm Tiefe entwickelt sich der Buchenwald stark zurück und die Nadelhölzer treten wieder vermehrt in Erscheinung. Das Waldbild ändert sich hier etwas und es entsteht ein Nadelmischwald mit dominierender Fichte und hohen Anteilen an Buche und Tanne. (LPZ IV). Bevor die Tanne ab diesem Zeitpunkt dann vollständig an Bedeutung verliert erreicht sie noch einmal ein Maximum. Dies kann bedeuten dass durch eine Nutzungspause sich die natürliche Verbreitung der Tanne wieder einstellen konnte, und man so die Entwicklung von *Abies* ohne Einflussnahme des Menschen rekonstruieren kann. Ein anderer Aspekt könnte jedoch sein dass es durch die Auflichtung des Waldes zu einer Steigerung der Blühaktivität bei den Gehölzen kommt und ein Anstieg der Art im Bestand nur vorgetäuscht wird. Welcher Aspekt nun überwiegt kann nicht mit Sicherheit gesagt werden, jedoch ist sicher dass ab diesem Punkt die Tanne dauerhaft dem Holzeinschlag der Siedler unterworfen war und die Waldvegetation stetig abnahm (LNP 5).

Die Dauernutzung wird auch von den Siedlungszeigern bestätigt. Neben der Zunahme der Gräser zeigt *Plantago lanceolata* nun eine durchgehende Kurve im Pollendiagramm. Die gleichmäßige Verbreitung von *Urtica* und *Rumex* lassen auf ausgeprägte Weidewirtschaft schließen. Obwohl Buche und Tanne abnehmen geht auch der Einfluss des EMW zurück. Wie bereits vorher schon angesprochen kann das ein Zeichen für die Nutzung von Eicheln und Laubmaterial zur Fütterung des Viehs sein.

Ab Mitte des Subatlantikums setzt die Phase der stärksten Landschaftsveränderungen durch den Menschen ein (LNP 6). Buche und Tanne gehen nun immer stärker zurück. Nur die Fichte ist noch relativ stark repräsentiert und dämpft den Rückgang der Baumpollensumme noch etwas ab (LNP 6a). Doch mit dem Beginn intensivster Nutzung auch von *Picea* geht die Waldverbreitung rasant zurück (LNP 6b). *Abies* verschwindet auch zusehends aus dem Pollenspektrum so dass sich die Buche sogar kurzzeitig wieder erholen kann. Jedoch gewinnt an diesem Punkt erstmals die Föhre an Bedeutung und bildet mit *Picea* zusammen eine NBP reiche fünfte Pollenzone (LPZ V). Die Grenze liegt an dem Punkt wo die Werte von *Pinus* die von *Fagus* dauerhaft übersteigen und sich das Waldbild grundlegend ändert.

Im Bereich der gravierenden Eingriffe in die Fichtenbestände treten auch erstmals Kulturzeiger in Form von Getreidepollen im Diagramm auf. Es ist anzunehmen dass der Ackerbau wegen der montanen Lage nicht unmittelbar in der Nähe des Untersuchungsgebietes betrieben wurde sondern dass die Getreidepollen durch den Wind eingeweht wurden. Es ist nicht mit Sicherheit zu sagen ob das Einsetzen der *Cerealia* im Pollendiagramm auch gleichzusetzen ist mit dem tatsächlichen Beginn des Ackerbaus in der näheren Umgebung. Es könnte auch sein dass erst durch den Rückgang der Gehölzvegetation die relative Anreicherung der Pollenkörner einen

Ausschlag im Diagramm erlaubt. Es kann jedoch davon ausgegangen werden dass selbst wenn schon vorher Getreide angebaut wurde die Intensität mit der Ackerbau betrieben wurde zu dieser Zeit zunahm. Gleichzeitig gehen die Siedlungszeiger sprunghaft nach oben, besonders *Poaceen* und *Plantago lanceolata* zeigen höchste Werte. Interessant ist auch dass in LNP 6 auch Plantaginaceen vom Media/Major-Typ starken Zuwachs haben da Plantago media/major ein deutlicher Weidezeiger ist. Dass in der jüngsten Neuzeit die Fichte stark dominiert und *Abies* und *Fagus*, besonders aber auch *Quercus,* sehr schwach vertreten sind liegt sehr wahrscheinlich nicht daran dass *Picea* nicht mehr geschlagen wird, sondern an der Monokulturnutzung in Form von Fichtenforsten wie sie im Gebirgsraum heute auch weit verbreitet ist.

Neben der Nutzung der freigelegten Flächen als Ackerland und Weidefläche ist auch die Köhlerei als mögliche Form der Holznutzung denkbar. Während im Verlauf des Diagramms Holzkohlefunde mit stets unter einem Prozent bezogen auf die Gesamtpollensumme eher unbedeutend scheinen steigen die Werte im oberen Bereich stark an. Betrachtet man die Kurven genauer bemerkt man dass beide Größenklassen sehr ähnliche Verläufe haben. Auf den ersten Anstieg bei den großen Stücken, also Zeiger für lokale Brandereignisse, reagiert die Kurve mit Feinstpartikeln nicht. Nach einiger Zeit regelmäßiger Brände und damit verbundenem Anstieg der großen Holzkohlestücke steigt auch der Eintrag der kleinen Partikel. Diese Korrelation zeigt dass wohl kein Holzkohleeintrag von weiter entfernten Brandereignissen stattgefunden hat da die Kurve für unter 37µm sonst zusätzliche Peaks zeigen würde die vom Verlauf der Vergleichskurve abweichen würden. Es hat also über längere Zeit gezielter Brand durch den Menschen in der Umgebung des Halslkopfmoores stattgefunden. In 17cm Tiefe wurde sowohl absolut als auch relativ die meiste Holzkohle gefunden. Danach lässt die Brandnutzung rapide nach bis beide Kurven im Bereich 4 – 8cm gegen Null gehen. Bis dort ist die Korrelation der beiden Kurven aufrecht erhalten, doch in den obersten 4cm wo gar kein Kohlestück über dem Richtwert mehr gefunden werden konnte schnellt der Wert für Feinpartikel auf seinen Maximalwert. Ob diese Entwicklung zum Schluss auf ein Brandereignis in der Region in Jüngster Zeit hindeuten könnte kann ohne genaue Datierung der Proben nur schwer gesagt werden. Eine weitere Möglichkeit wäre dass die feinen Partikel durch die in der heutigen Zeit hohen Belastung der Umwelt durch Abgase und Russ herrühren, sei es durch industrielle Anlagen oder auch den Autoverkehr.

5. Diskussion

Für die Rekonstruktion der Vegetationsgeschichte und des Einflusses des Menschen auf das Karwendelgebirge wurden Pollenprofile im Raum Nordtirol herangezogen. Da die in unmittelbarer Nähe zum Halslkopfmoor gelegene Moorflächen bislang noch nicht pollenanalytisch untersucht wurden soll diese Arbeit zeigen ob sich dieser unbekannte Bereich in die Vegetationsentwicklung des Raums Nordtirol eingliedern lässt. Für die Untersuchungen von OEGGL (1988), WAHLMÜLLER (1985) und BORTENSCHLAGER (1984) liegen die im Anhang abgebildeten Pollendiagramme zum Vergleich vor. Die Diagramme von WALDE (1999) sind nicht angehängt, die Ergebnisse werden jedoch im Text behandelt und verglichen. Die Lage der zum Vergleich herangezogenen Moore wird in Abbildung 19 dargestellt.

Abb. 19: 1 Mieminger See - 2 Katzenloch – 3 Seefelder See – 4 Kirchbichl
5 Egelsee – 6 Lanser See – 7 Frauensee – 8 Oberkienberg

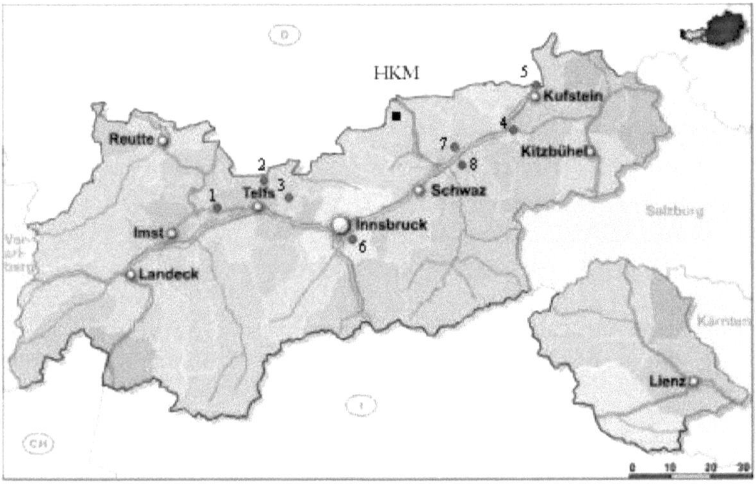

Quelle: http://members.fortunecity.com - Verändert durch M. Jüttner

Allgemein ist zu sagen dass sich die Dominanz der Fichte wie sie sich im Atlantikum im Halslkopfmoor entwickelt hat bei allen Vergleichsprofilen bestätigt wird. Im jüngeren Atlantikum ist dann eine deutliche Ausbreitung von Tanne und Buche festzustellen die aber an verschiedenen Orten differenziert abläuft. Im Lanser Moos hat BORTENSCHLAGER (1984) den Ausbruch von *Abies* mit einem Radiokarbondatum von 5580 ± 60 BP datiert. Kurz darauf folgte dann auch *Fagus* so dass sich ein Buchen-Tannenwald ausbildete. Die Verzögerung von *Fagus* gegenüber *Abies* ist auch im Halslkopfmoor festzustellen, jedoch ist zu überlegen ob die Buchenausbreitung durch die montane Lage eventuell später als im Lanser Moos erfolgte. Eine genauere Zuteilung ist erst mit vorliegenden Radiokarbondaten möglich. Bei den Mooren Schwemm bei Walchsee (OEGGL 1988) sowie Kirchbichl und Egelsee (WAHLMÜLLER 1985), die alle drei östlich des Lanser Moos liegen, zeigen die C14 Daten eine etwas spätere Ausbreitung der Buchen-Tannenwälder. Im Profil Egelsee liegt dieser Punkt bei 5290 ± 90 BP. Für die westlichen Moore liegen für den Moment der *Abies-Fagus*-Ausbreitung keine genauen Daten vor, jedoch hat der Punkt des Tannenmaximums am Mieminger See ein Radiokarbonalter von 4430 ± 90 BP, am Egelsee hat die Tanne jedoch erst 3990 ± 90 BP ihre maximale Ausbreitung. WALDE (1999) konnte bei der Untersuchung der Moore Frauensee und Oberkienberg feststellen dass *Abies* von Westen in das Gebiet eingewandert ist, *Fagus* jedoch von Osten. Dies deckt sich auch mit den Erkenntnissen von WAHLMÜLLER (1985) wonach im inneralpinen Raum allgemein Nadelhölzer vorherrschten während im randalpinen Bereich Laubwälder, vornehmlich der EMW, stärkere Verbreitung haben und hier die Buche im ausgehenden Atlantikum und Subboreal stärker in Erscheinung tritt als die Tanne. Die dauerhaft hohen Prozentwerte der Fichte im Profil Halslkopfmoor lassen auf stärkeren Einfluss der inneralpinen Nadelwälder schließen, verstärkt sicherlich durch die relativ hohe Lage. So ist trotz der Ausbreitung von Buchen und Tannen die Fichte nach wie vor lange Zeit dominant. Der Zeitpunkt der Ausbreitung von *Fagus* im Fichten-Tannenwald liegt im Halslkopfmoor wahrscheinlich etwas später als im Lanser Moos und Mieminger See und kann in etwa bei 4200 BP angesetzt werden. Er gibt im Halslkopfmoor die Grenz der Chronozonen VII/VIII an.

Ab dem Subboreal (Zone VIII) unterliegt die Vegetationsentwicklung nun immer mehr dem menschliche Einfluss. Betrachtet man die durch Pollenfunde rekonstruierte Siedlungsgeschichte der Vergleichsprofile sind die hohen Werte der Gräser an der Basis des Profils Halslkopfmoor und der plötzliche Einbruch der Baumpollenkurve bei 217cm (LNP 2) eindeutig menschlicher Tätigkeit zuzuweisen. WAHLMÜLLER (1985) konnte am Katzenloch bereits für einen Zeitraum zwischen 9070 ± 120 BP und 8100 ± 120 BP Funde von *Cerealia* vorweisen. Zusammen mit deutlichen Einbrüchen im EMW die als Nutzung in Form von Schneiteln zur Laubfuttergewinnung interpretiert wurden wurde eine bereits im Mesolithikum vorhandene Besiedelung mit Ackerbau und Viehwirtschaft in Nordtirol nachgewiesen. Bei WALDE (1999) sind *Cerealia* Funde mit 4820 ± 40 BP datiert die bereits die zweite Kulturzeigerphase im Profil Frauensee anzeigen. Interessant ist dieser Zeitpunkt weil im Profil Oberkienberg mit diesem C14 Alter deutliche Vorkommen von *Plantago lanceolata* sowie Weidezeiger auftreten. Die Verzögerung gegenüber Frauensee wird mit der höheren Lage erklärt. Dieser Ansatz scheint auch für das Halslkopfmoor plausibel. Es kam zwar wohl zu kurzzeitigen Rodungen im Bergwald an der Grenze zum Subboreal die vornehmlich Fichte und Tanne betroffen haben und zu einem Anstieg von Gräser- und Kräuterpollen sowie Einwehungen der EMW-Arten geführt haben, die Nutzung wurde aber bald darauf eingestellt und eine Wiederbewaldung mit Fichte, Tanne und Buche hat stattgefunden. Die ersten Siedlungs- und Weidezeiger treten in stärkerer Ausprägung erst zu dem Zeitpunkt auf als der Fichtenwald dauerhaft gerodet wurde was im Profil dem mittleren Subboreal, also etwa dem Beginn der Bronzezeit entspricht. Nachdem sich der Mensch also in den tieferen Lagen immer weiter ausgebreitet hat dehnte sich sein Aktionsradius bei der Gewinnung von Ressourcen auch auf ungünstigere Standorte aus. Kulturzeiger sind zu dieser Zeit aber nicht zu finden, von Ackerbaulicher Nutzung wie sie im Tal schon seit langer Zeit stattfand kann in unmittelbarer Nähe zum Moor zu dieser Zeit also nicht ausgegangen werden.

Die Siedlungstätigkeit und Nutzung im Subatlantikum des Halslkopfmoores deckt sich weitestgehend mit den Beobachtungen bei WALDE (1999). Nach einer anfänglichen starken Nutzung die in die Zeit der römischen Besiedelung gestellt werden kann kommt es zur Zeit der Völkerwanderungen zur Erholung des Waldes. Fichte und Tanne kann sich regenerieren, die Buche erreicht ihr Maximum. Dennoch ist in den Pollenspektren nach wie vor Besiedelung angezeigt aber wahrscheinlich mit größerer Konzentration auf Viehweide und Grünlandnutzung. Im Mittelalter schließlich sind die stärksten Eingriffe in den Fichtenwald spürbar. Am Frauensee ist der Einbruch bei den Pollenwerten von *Picea* mit 1240 ± 50 BP datiert, im Halslkopfmoor kann auch hier wieder von einem etwas späteren Zeitpunkt ausgegangen werden. Mit dem Beginn der starken Holznutzung treten im Halslkopfmoor extreme Werte von *Poaceen* und Siedlungs- sowie Weidezeigern auf. Zum ersten mal sind Pollenkörner vom *Cerealia*-Typ vertreten. Wie bereits erwähnt ist die Auflichtung zur Gewinnung von Ackerflächen in dieser Meereshöhe unwahrscheinlich. Die Holznutzung vor Ort in Form von Köhlerei scheint demnach die plausibelste Möglichkeit.

Trotz der fehlenden C14-Daten aus dem Halslkopfmoor soll eine grobe Datierung des Zeitpunktes vorgenommen werden als sich *Abies* und *Fagus* in dem bis dahin dominanten Fichtenwald ausschlaggebend ausgebreitet haben, und zwar anhand der

Eckdaten die in den anderen Mooren mit der Radiokarbonmethode gewonnen wurden (Tabelle 2). An zwei Standorten liegen außerdem Daten für die maximale Ausbreitung der Tanne vor. Die Grenze zwischen Atlantikum und Subboreal wurde im Profil Halslkopfmoor an dem Punkt gelegt als die Buche zu der bereits weit verbreiteten Tanne in starkem Maße hinzutritt. Betrachtet man die Zeitpunkte der anderen Diagramme ist ein Zeitraum von ca. 4900 BP bis 5500 BP zu erwarten. Wie bereits erwähnt wird vermutet dass im Halslkopfmoor die Entwicklungen im Vergleich zu den anderen Standorten zeitlich verzögert abgelaufen sind. Die Entwicklung zu großflächigen Buchen-Tannenbeständen bewegt sich also wahrscheinlich im jüngeren Bereich des geschätzten Zeitraums. Für das Maximum der Tanne erscheint es legitim die beiden vorliegenden Daten von Mieminger See und Egelsee zu mitteln da das Halslkopfmoor zentral zwischen diesen beiden Mooren gelegen ist. Es ergibt sich so ein geschätztes Alter von ca. 4200 BP für die stärkste Tannenausbreitung in der natürlichen Vegetationsentwicklung. Ob diese Vorgehensweise in diesem Fall gerechtfertigt ist muss durch genaue Datierungen überprüft werden.

Tab. 2: C14-Daten der natürlichen Tannen-Buchenausbreitung und Tannenmaximum

	Ausbreitung Buche und Tanne	Tannenmaximum
Lindenmoos	5580 ± 60 BP	k.A.
Egelsee	5290 ± 90 BP	3990 ± 90 BP
Frauensee	5255 ± 43 BP	k.A.
Kirchbichl	4970 ± 90 BP	k.A.
Mieminger See	k.A.	4430 ± 90 BP
Halslkopfmoor	ca. 4900 BP – 5500 BP	ca. 4200 BP

Quelle: eigene Abbildung – M. Jüttner

In Tabelle 3 sind weitere C14-Daten anderer Moore zusammengefasst die sich auf eine zeitliche Einordnung der anthropogenen Nutzungsgeschichte beziehen. Anhand dieser Daten sollen die Landnutzungsphasen die im Profil Halslkopfmoor abgegrenzt wurden grob in einen zeitlichen Kontext gestellt werden. Die Daten geben eine ungefähre Vorstellung davon welchen Besiedelungsphasen sich die Landnutzung im Gebiet um das Halslkopfmoor zuordnen lässt und in welchem zeitlichen Rahmen sich die Nutzung im Nordtiroler Raum bewegt. Genaue Zuordnungen und Grenzziehungen zwischen den Abschnitten müssen aber auch hier durch Radiokarbondatierungen verifiziert werden.

Tab.3: Zeitliche Zuordnung der LNP´s im Halslkopfmoor

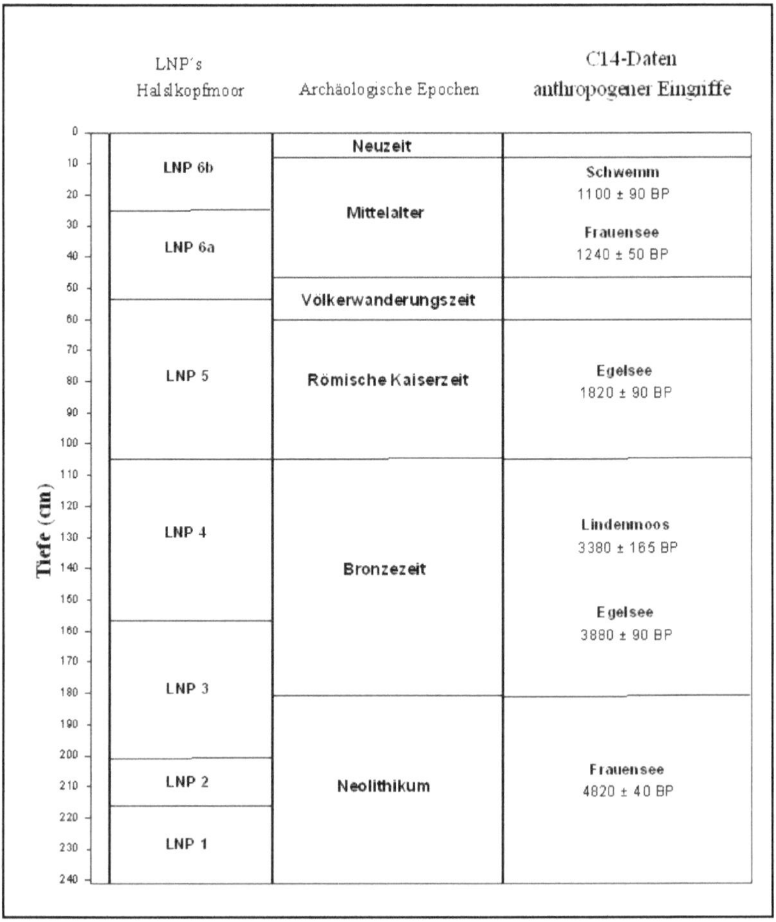

Quelle: eigene Abbildung – M. Jüttner

Zusammenfassend kann gesagt werden dass sich im Gebiet um das Halslkopfmoor seit dem Atlantikum ein ausgeprägter Fichtenwald herausgebildet hat der sich im Übergang zum Subboreal mehr und mehr zu einem Fichten-Tannen-Buchenmischwald wandelte. Diese Waldzusammensetzung blieb bis zur Neuzeit bestehen, jedoch mit mehreren Wechseln der Dominanzverhältnisse der einzelnen Baumarten. Im ausgehenden Subatlantikum wird das natürliche Waldbild dann von verstärktem menschlichen Einflüssen geprägt und das Vorkommen von Tanne und Buche geht stark zurück. Es entstand ein Fichten-Föhrenwald der für diese Höhenlage auch heute noch typisch ist.

Literaturverzeichnis:

BERGLUND, B. E. (1986). Handbook of Holocene Palaeoecology and Palaeohydrology. John Wiley & Sons, Chichester 1986.

BEUG, H.-J. (2004): Leitfaden der Pollenbestimmung für Mitteleuropa und angrenzende Gebiete. München, 542 S.

BORTENSCHLAGER, S. (1984): Beiträge zur Vegetationsgeschichte Tirols I: Inneres Ötztal und unteres Inntal. In: Berichte des naturwissenschaftlich-medizinischen Vereins Innsbruck, Band 71, 19-56.

BYRNE, R. et. al. (1977) : Fossil charcoal as a measure of wildfire frequency in Southern California: a preliminary analysis. In: Proceedings of the Symposium on theEnvironmental Consequences of Fire and Fuel Management in Mediterranean Ecosystems, 361-367.

CWYNAR, L. (1977): Recent history of fire and vegetation from laminated sediment of Greenleaf Lake, Algonquin Park, Ontario. In: Canadian Journal of Botany, Vol 56, 10-21.

DOBEN, K. & RISCH, H. (1996): Nördliche Kalkalpen (Oberostalpin). In: Erläuterungen zur Geologischen Karte von Bayern – 1:500.000, Bay.Geol.Landesamt, München 1996, 329 S.

FAEGRI, K. & IVERSEN, J. (1989): Textbook of pollen analysis. 4th edition, Chichester 1989, 328 S.

FLIRI, F. (1975): Das Klima der Alpen im Raume Tirol. Monographien zur Landeskunde Tirols I, Innsbruck-München 1975.

GÖTTLICH, K. (Hrsg.)(1990): Moor- und Torfkunde. 3. neubearbeitete Auflage, Stuttgart, 529 S.

HERM, D. (1979): Die Süddeutsche Kreide – Ein Überblick. Aspekte der Kreide Europas. – IUGS Series A, **6**, 85–106.

JACOMET, S. & KREUZ, A. (1999): Archäobotanik: Aufgaben, Methoden und Ergebnisse vegetations- und agrargeschichtlicher Forschung. Stuttgart, 368 S.

KLAUS, W. (1987): Einführung in die Paläobotanik. Band 1: Fossile Pflanzenwelt und Rohstoffbildung-Grundlagen-Kohlebildung-Arbeitsmethoden/Palynologie, Wien, 304 S.

MERZ, P. (2008): Alpenpflanzen in ihren Lebensräumen. Bern-Stuttgart-Wien, 380 S.

MOORE, P.D., WEBB, J.A., COLLINSON, M. (1994): Pollen analysis. 2. neu überarbeitete Auflage, London, 216 S.

OEGGL, Klaus (1988): Beiträge zur Vegetationsgeschichte Tirols VII: Das Hochmoor Schwemm bei Walchsee. In: Berichte des naturwissenschaftlich-medizinischen Vereins Innsbruck, Band 75, 37-60.

PATTERSON, W. et. al. (1987): Microscopic Charcoal as an indicator of Fire. In: Quaternary Science Review, Vol. 6, 3-23.

PUNT, W.et. al. (2007): Glossary of pollen and spore terminology. In: Review of Palaeobotany and Palynology, Vol 143, 1-81.

REILLE, M. (1992) : Pollen et spores d'europe et d'afrique du nord. Laboratoire de Botanique historique et Palynologie, Marseille 1992, 543 S.

SASS O. et. al. (2010): Investigating thickness and internal structure of alpine mires using conventional and geophysical techniques. In: Catena Vol.80, Issue 3, 195-203.

TINNER, W. (2003): Size parameters, size-class distribution and area-number relationship of microscopic charcoal: relevance for fire reconstruction. In: The Holocene, Vol. 13, No.4, 499-505.

WAHLMÜLLER, N. (1985): Beiträge zur Vegetationsgeschichte Tirols V: Nordtiroler Kalkalpen. In: Berichte des naturwissenschaftlich-medizinischen Vereins Innsbruck, Band 72, 101-144.

WALDE, C. (1999): Palynologische Untersuchungen zur Vegetations- und Siedlungsentwicklung im Raum Kramsach – Brixlegg (Tirol, Österreich). In: Berichte des naturwissenschaftlich-medizinischen Vereins Innsbruck, Band 86, 61-79.

Internetquellen

Abb.1: Abgrenzung des Karwendelgebirges
http://www.alpen-motorradhotels.com/uploads/tx_hxlilgallery/karwendel_runde_01.jpg

Abb. 2: Klimadiagramm am Standort Universität Innsbruck
http://tirolatlas.uibk.ac.at/graphics/lieth/pdf/1371076_de.pdf

Abb. 3:Geologische Übersicht der Alpen
http://www.burkina.at/images/thumb/c/ca/Geozonen.jpg/640px-Geozonen.jpg

Abb. 15: REM-Aufnahme eines tricolpat striaten Pollenkorns (*Acer campestre*)
http://www.botany.unibe.ch/paleo/pollen/images/jpeg/rem/Acer_campestre_zpIII18_9.jpg

Abb. 19: 1 Mieminger See - 2 Katzenloch – 3 Seefelder See – 4 Kirchbichl
5 Egelsee – 6 Lanser See – 7 Frauensee – 8 Oberkienberg
http://members.fortunecity.com/reisenge/TIROL/land/tkarte-n.jpg